本书的出版得到了温州大学承担的国家重点研发计划项目课题（2018YFD0901503）
和温州市洞头区重大渔农业科技计划项目（N2018Y03A）的资助

羊栖菜产业关键技术创新与实践

Innovation and Practice of Key Technologies in *Sargassum fusiforme* Industry

林立东　吴明江◎著

中国海洋大学出版社
·青岛·

图书在版编目（CIP）数据

羊栖菜产业关键技术创新与实践 / 林立东，吴明江著．—青岛：中国海洋大学出版社，2021．7

ISBN 978-7-5670-2887-6

Ⅰ．①羊…　Ⅱ．①林…　②吴…　Ⅲ．①羊栖菜－海水养殖　Ⅳ．①S968．42

中国版本图书馆 CIP 数据核字（2021）第 143740 号

YANGQICAI CHANYE GUANJIAN JISHU CHUANGXIN YU SHIJIAN

羊栖菜产业关键技术创新与实践

出版发行　中国海洋大学出版社
社　　址　青岛市香港东路 23 号　　邮政编码　266071
出 版 人　杨立敏
网　　址　http://pub.ouc.edu.cn
电子信箱　94260876@qq.com
责任编辑　孙玉苗　　电　　话　0532-85901040
装帧设计　青岛汇英栋梁文化传媒有限公司
印　　制　青岛国彩印刷股份有限公司
版　　次　2021 年 7 月第 1 版
印　　次　2021 年 7 月第 1 次印刷
成品尺寸　185 mm × 260 mm
印　　张　11
字　　数　310 千
印　　数　1—1000
定　　价　80．00 元
订购电话　0532-82032573（传真）

发现印装质量问题，请致电 0532-58700168，由印刷厂负责调换。

序

PREFACE

羊栖菜(*Sargassum fusiforme*)是北太平洋西部暖温带海域特有的海藻,是中国、日本、韩国和朝鲜沿海地区人们喜欢食用的海洋蔬菜。特别是日本人,具有食用羊栖菜的传统,称其为“长寿菜”。我国的《神农本草经》和《本草纲目》也将羊栖菜作为“海洋本草”收录,记录了其药效。因此,羊栖菜具有药食两用开发价值。

20世纪80年代,浙江省温州市洞头县(现洞头区)一村民开启了野生羊栖菜出口日本的先河,带动了当地更多的渔民投身羊栖菜经济。他们的足迹遍布我国沿海地区。经历了野外直接采集、野生苗夹苗养殖和假根再生苗养殖等羊栖菜生产阶段之后,当地老一辈藻类科技工作者李生尧先生和孙建璋先生突破了羊栖菜有性生殖育苗技术,从根本上解决了养殖苗种问题。由此,继海带(*Saccharina japonica*)、石花菜(*Gelidium amansii*)和裙带菜(*Undaria pinnatifida*)之后,羊栖菜成为我国又一种较大规模人工养殖的大型经济海藻,温州市洞头区也成为我国最大的羊栖菜繁育、养殖、加工和产品出口基地。然而,10年前,李生尧先生和孙建璋先生相继辞世,加之温州市洞头区尚无羊栖菜专业育种机构和良种基地,以及羊栖菜产业仍存在良种制约、养殖技术薄弱和加工技术落后等问题,业内同行们对羊栖菜产业的前景产生了几分忧虑。

10年前,时任中国藻类学会理事长的我,收到了来自温州大学生命与环境科学学院吴明江院长的咨询邮件,得知他们要开辟羊栖菜研究方向的意向,甚是欣喜。也是在10年前,我结识了在温州研究羊栖菜的林立东博士,为他情系羊栖菜、博士毕业后放弃原高校工作而留在洞头专门从事羊栖菜科技工作的选择而感动。如今林立东博士已成长为温州市科技创新领军人才。十年坚守,聚焦一种“富民菜”,温州大学羊栖菜研究所已发展成为国内颇具实力的专业研究团队。这启示我们,地方大学和科研机构一定要进行地方特色,特别是产业特色研究,这样才能立地顶天,才能把论文写在祖国的大地或蓝色海疆上。

我欣闻《羊栖菜产业关键技术创新与实践》即将出版。看过该书校样,我对作者研究的羊栖菜产业技术有几点体会:(1) 科学性强。尊重科学规律,从养殖羊栖菜品质评价的基础研究到羊栖菜新品种的选育和推广应用,再到羊栖菜养殖新品系种质保存与养成关键技术研发,循序渐进。相关研究也因此获得国家自然科学基金、国家级星火计划重点项目和国家重点研发计划的持续资助。(2) 创新性强。多项发明专利获得授权，填补了羊栖菜产业技术体系诸多空白。(3) 系统性强。涵盖产业发展诸多环节，包括羊栖菜品系分类和杂交育种、羊栖菜人工培苗装置制作、羊栖菜人工养殖技术、养殖羊栖菜产量及品质评价、羊栖菜产品加工及活性物质制备等技术。(4) 实践性强。已在生产中应用。(5) 示范性强。对其他大型经济海藻产业技术体系的创建起到示范作用。同时，作者间长期合作形成的"高校－地方研究所－企业"无缝对接模式亦值得推荐。

《羊栖菜产业关键技术创新与实践》为国内首部介绍羊栖菜产业技术著作。在此书即将付梓之际，承林立东和吴明江二位著者之约，略书数语作序，以示祝贺与推荐。相信本书定会受到藻类科技工作者与生产技术人员的瞩目，本人乐见其成。

中国科学院海洋研究所研究员 王广策

2021 年国际劳动节于青岛

前言

POREWORD

羊栖菜（*Sargassum fusiforme*）是北太平洋西部暖温带海域特有的海藻，在我国北至辽东半岛南至广东雷州半岛、日本北海道南部经本州至九州，以及朝鲜半岛东岸、南岸及西南岸海域均有分布。羊栖菜隶属于褐藻纲（Phaeophyceae）墨角藻目（Fucales）马尾藻科（Sargassaceae）。美国学者Setehell将其归为马尾藻属（*Sargassum*），而日本学者冈村则将羊栖菜另立为羊栖菜属（*Hizikia*），我国学者曾呈奎等倾向于使用学名*Hizikia fusiformis*。羊栖菜风味独特且富含褐藻硫酸多糖、膳食纤维、蛋白质、氨基酸、维生素和多种微量元素等，是中国、日本、韩国和朝鲜沿海地区人们喜欢食用的海洋蔬菜。日本人对羊栖菜尤为青睐，誉其为"长寿菜"。我国《神农本草经》和《本草纲目》记载了羊栖菜的药用价值。现代医学研究也表明羊栖菜及其提取物具有提高免疫力、抗氧化、抗衰老、降血压、降血糖、降血脂等功效。除作为药食两用海藻之外，羊栖菜也是优良的海藻工业原料，应用和开发前景广阔。

温州市洞头区有"百岛之县"的美誉，地处浙江省东南海域温州湾口和乐清湾口的汇集处，海水透明度大且营养盐丰富，具有得天独厚的藻类养殖自然条件。自1988年开始探索羊栖菜人工栽培技术至今，温州市洞头区成为我国羊栖菜人工繁育、养殖、加工和产品出口与内销最大的产业基地，被誉为"中国羊栖菜之乡"。囿于洞头区缺乏专业育种机构和良种基地，羊栖菜产业存在着苗种制约、养殖技术薄弱、加工技术落后、气象灾害造成的损失较大等问题。因此，在选育优质高产羊栖菜养殖新品系的同时，建立和健全羊栖菜育苗、养成及加工技术体系，是羊栖菜产业提质增效的必由之路。

本书包括5章。第一章介绍了羊栖菜品系鉴别、分类和杂交育种技术标准。其中，第一节"羊栖菜品系鉴别和分类技术标准"解决羊栖菜品系混杂且尚无统一的、适用于生产实践的品系鉴别及分类标准问题，为羊栖菜优良品系选育、扩繁及产品品质评价等提供技术支撑；第二节"羊栖菜优良纯化型品系和野生型品系有性生殖杂交育种技术标准"支撑羊栖菜新特性种质资源的科学开发。第二章介绍了羊栖菜苗帘及养殖装置制作标准。其中，第一节"羊栖菜高附苗率苗帘的制作标准"解决了传统苗帘的附苗率低、幼孢子体易流失、抗拉力不强和敌害生物去除难等问题，利于提高育苗生产效率；第二节“风浪小、水质清海区挂养羊栖菜附苗帘筏架装置组的制作标准”解决了传统蜈蚣架装置架构烦琐、田间管理耗时费力及生产成本高等问题，创新性的筏架装置组设计提高了羊栖菜培苗效率和质量。第三章介绍了羊栖菜养殖及人工育苗技术标准。其中，第一节“羊栖菜人工养殖技术标准”规定了羊栖菜人工繁育、苗种田间管理、夹苗密挂养殖、分苗疏挂养殖和采收等内容；第二节“羊栖菜幼孢子体栽培的单位质量评价及差异比较标准”针对羊栖菜幼孢子体发育的不同步性及不同品系羊栖菜幼孢子体发育的差异性，科学地指导养殖者精准地计算育苗、采苗和夹苗数量；第三节“急性降雨造成育苗池内羊栖菜胚低盐伤害的防治方法”为避免或降低急性降雨灾害导致的育苗池内羊栖菜苗种的损失提供技术支撑。第四章介绍了养殖羊栖菜产量及品质评价标准。其中，第一节“养殖羊栖菜初级产品单位产量鲜重、干重及含水量评估与差异比较的技术标准”为准确评估获得最高生物产量的采收期、养殖区及羊栖菜年总产量提供技术支撑；第二节“养殖羊栖菜初级产品干品品质等级评价技术标准”为羊栖菜初级产品收购按质定价提供技术支撑，消除以往无等级收购之弊端；第三节“养殖羊栖菜气囊出口产品品质等级评价技术标准”作为羊栖菜产业健康高效发展的指南针和助推器，一方面促进气囊出口产品贸易效益的提升，另一方面从源头上调动养殖者养殖高品质羊栖菜的积极性。第五章介绍了羊栖菜产品加工工艺及高值物质制备标准，包括第一节“即食羊栖菜加工工艺”、第二节“鲜羊栖菜盐渍加工工艺”、第三节“羊栖菜多糖的提取方法”、第四节“羊栖菜受精卵干纯品的制备标准”，为保障和提升国内主推的即食羊栖菜小袋包装产品和鲜羊栖菜盐渍加工产品的质量提供支撑，也为高附加值功能产品开发提供原料制备方法，促进羊栖菜产业高效发展。

2010年以来，我们一直致力于羊栖菜研究，先后获得了国家自然科学基金面上项目（养殖羊栖菜品质变异与评价的基础研究，31070322）、国家级星火计划重点项目（羊栖菜新品种的选育和推广应用，2015GA700005）和国家重点研发计划项目课题（藻类养殖新对象育苗与养成关键技术研发，2018YFD0901503），以及温州市科技计划项目（2015N0013）、温州市农业丰收计划项目（FSJH2019013）和洞头区渔农业科技计划项目（N2015K11A、N2018Y03A）等的资助，也得到了藻类领域科技工作者的热心帮助和指导，特此表示衷心的感谢！

本书内容是在我们已获授权的发明专利和公开发明专利的基础上撰写而成的。由于我们的知识水平所限，书中难免有不妥之处，敬请读者批评指正。

林立东　吴明江

2021年5月于温州

目 录

CONTENTS

第一章

羊栖菜品系鉴别、分类和杂交育种技术标准

本章内容

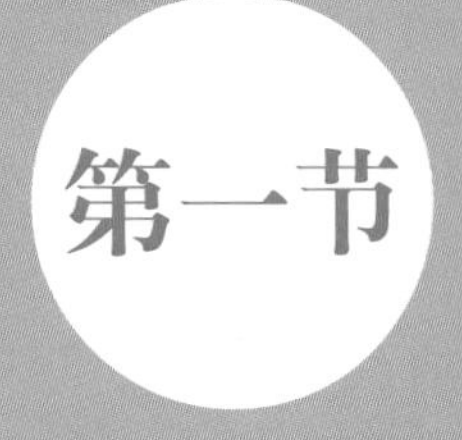

羊栖菜品系鉴别和分类技术标准

Technical standards for identification and classification techniques of *Sargassum fusiforme* strains

前　言

本标准根据 GB/T 1.1—2009《标准化工作导则　第 1 部分：标准的结构和编写》、GB/T 20000《标准化工作指南》和 GB/T 20001《标准编写规则》国家标准要求编写。

本标准由 ×××××× 单位提出。

请注意本标准的某些内容可能涉及专利，本标准的发布机构不承担识别这些专利的责任。

本标准起草单位：××××××、××××××。

本标准主要起草人：×××、×××、×××、×××、×××。

本标准为首次发布。

根据国家标准化工作要求，在多年研究，以及充分咨询科研院所专业技术人员、政府有关职能部门负责人、长期从事羊栖菜养殖工作的人员和产品加工企业技术主管人员的基础上，系统地编写了《羊栖菜品系鉴别和分类技术标准》。

为适应我国产业标准化工作发展的要求，助力温州市国家自主创新示范区建设［《国务院关于同意宁波、温州高新技术产业开发区建设国家自主创新示范区的批复》(国函〔2018〕13 号)］，加快羊栖菜产业健康发展［《温州市洞头区人民政府关于印发〈加快推进羊栖菜产业发展工作方案〉的通知》(洞政办发〔2019〕41 号)］，更好地发挥羊栖菜品系鉴别和分类技术对优良品系选育、扩大养殖和产品品质提升的指导作用，亟须编写和应用本标准。

羊栖菜(*Sargassum fusiforme*)是太平洋西北近岸海域低潮带和潮下带特有的食药两用大型褐藻。受种群地理分布影响，不同纬度羊栖菜群体成熟孢子体的形态差异显著。中、日、韩等国家自 20 世纪 30 年代末开始羊栖菜生物学研究至今，尽管在利用羊栖菜有性生殖和无性生殖培育苗种方面取得了技术突破，但由于羊栖菜生活史中幼孢子体至孢子体生长发育阶段的形态差异极不显著及成熟孢子体的各器官形态差异不显著等原因，羊栖菜科研人员和育种技术人员常以地缘作为羊栖菜品系鉴别或命名的依据。羊栖菜的表型受基因型和环境因子(盐度、水温、pH、光照强度、光照周期和营养盐等)的双重调控。相同地缘的羊栖菜在不同地域养殖过程中，藻体器官的形态可能会发生显著变化。原本藻体器官形态差异显著的两个或多个相同地缘品系，在同一地域养殖 1 代或 2 代后，器官的形态差异可能趋于不显著。这一现象在浙江省温州市洞头区羊栖菜外源引种和养殖过程中尤为明显。分子标记技术尽管在羊栖菜品系鉴别与分类中的应用研究取得了一定进展，但在羊栖菜实际生产实践中存在应用局限性。因此，建立科学且快速的羊栖菜品系鉴别与分类技术标准是促进羊栖菜产业科学发展的前提保障。

本标准的制定以标准撰写规范化要求为基础，重点突出所设置的评价指标的客观性、规范性和系统性，以此有效区分羊栖菜不同品系，为羊栖菜产业体系中羊栖菜优良品系选育、扩繁及产品品质评价等提供技术支撑。

1　范围

本标准规定了羊栖菜品系鉴别和分类技术中有性生殖、无性生殖、“特征”大气囊、散点图、碎石图、相关性分析、主成分分析、方差贡献率和品系等专用名词的概念，相关技术标准和注意事项等内容，并附图对要点、难解内容给予直观解释和说明。

2 规范性引用文件

下列文件是本文件应用的支撑。凡标注日期的引用文件，仅所注日期的版本适用于本文件。未标注日期的引用文件，其更新版本（包括修改单）均适用于本文件。

GB 3100—1993 国际单位制及其应用（ISO 1000）

GB 3101—1993 有关量、单位和符号的一般原则（ISO 31-0）

GB/T 15834—2011 标点符号用法

《国务院关于同意宁波、温州高新技术产业开发区建设国家自主创新示范区的批复》（国函〔2018〕13 号）

《温州市洞头区人民政府办公室关于印发〈加快推进羊栖菜产业发展工作方案〉的通知》（洞政办发〔2019〕41 号）

3 术语与定义

3.1 有性生殖 sexual reproduction

自然界中，羊栖菜有性生殖包括短、长两个生殖周期：幼孢子体的初生枝于每年 9 ～ 10 月份进入生殖生长阶段，雌株和雄株分别生长发育出雌、雄生殖托，产生卵子和精子，生成受精卵。此有性生殖周期属短生殖周期。羊栖菜幼孢子体继续生长发育并分生次生枝，经孢子体生长发育阶段后进入成熟孢子体时期。成熟孢子体雌株和雄株分别生长发育出雌、雄生殖托，产生卵子和精子，生成受精卵。此有性生殖周期为长生殖周期。之后藻体进入老化凋亡期。至此，羊栖菜完成一个全生命周期。

每年 5 月份，羊栖菜成熟孢子体产生精子和卵子。受精卵（合子）发育为胚，接着依次生长发育为幼孢子体、孢子体和成熟孢子体。此生殖周期是羊栖菜的养殖周期。

3.2 无性生殖 asexual reproduction

羊栖菜无性生殖以成熟孢子体为起始点，经假根萌发、幼孢子体、孢子体和成熟孢子体 4 个阶段。这一周期称为羊栖菜无性生殖周期。羊栖菜无性生殖周期也是我国羊栖菜早期栽培生产中的养殖周期。

3.3 “特征”大气囊 “characteristic” big air-bladder

在羊栖菜孢子体生长发育过程中，叶腋处逐渐分化出簇生气囊。簇生气囊包含 1 支或 2 支总长、囊体长和囊体宽显著大于其他气囊的大气囊，称为“特征”大气囊（附图 1-1）。“特征”大气囊的形态特征（囊茎长、囊体长、囊体宽和有无囊尖）因羊栖菜品系不同而不同（附图 1-2）。

3.4 散点图 scattered map

散点图是指在回归分析中，数据点在平面直角坐标系上的分布图，代表因变量随自变量而变化的大致趋势，据此可以选择合适的函数对数据点进行拟合。散点图分为 ArcGIS

散点图、散点图矩阵和三维散点图三种形式。

3.5 碎石图 gravel map

碎石图为按特征根大小排列的主成分析线图，横坐标表示第几主成分，纵坐标表示特征根的值。

3.6 相关性分析 correlation analysis

相关性分析是指对两个或多个可能具备相关性的变量进行分析，从而衡量变量间的相关密切程度。变量之间需要存在一定的联系才可以进行相关性分析。相关性不等于因果性，其应用范围涵盖了各个基础学科，在不同学科的定义差异较大。本标准所研究的相关性包含多元变量，属复相关分析。

3.7 主成分分析 principal component analysis

主成分分析为将多个变量通过线性变换后，选出少数互不相关的新变量，反映原始变量所提供的绝大部分信息的一种多元统计分析方法，又称主分量分析。主成分分析可将原来的高维空间的问题转化为低维空间的问题进行有效处理。

3.8 方差贡献率 percent of variance

方差贡献率指单个公因子引起的变异占总变异的比例，表明该公因子对因变量的影响力大小。

3.9 品系 strain

品系特指羊栖菜栽培种群中发生基因突变或性状分离而产生的新类型，以及在羊栖菜品种培育过程中，通过对近亲或自交后代进行多代单株选择而获得的新类型。

4 同一地区相同的养殖羊栖菜成熟孢子体群体的品系鉴别和分类标准

本标准适用于同一地区相同的养殖羊栖菜成熟孢子体群体的品系多样性评价或品系分类等研究。所述羊栖菜成熟孢子体的品系鉴别和分类方法主要包括以下步骤。

4.1 羊栖菜群体的选取

样本限于同一地区相同的养殖羊栖菜成熟孢子体群体，如每年 4 月中旬至 8 月初浙江省温州市洞头区某港湾或岙口的养殖羊栖菜成熟孢子体群体。

4.2 羊栖菜样本的选取

根据数理统计学原理，随机选取养殖羊栖菜成熟孢子体样本至少 30（$n \geqslant 30$）株。对样本进行编号，记录样本的采集时间、采集地点。用照相机记录各样本的形态。

4.3　羊栖菜样本的形态特征测量

用游标卡尺测量各样本的假根的长度、直径，茎的直径，叶的长度、宽度，气囊囊尖长度、囊体长度和宽度、囊茎长度，生殖托托体长度、托体直径和托茎长度。记录所测量的数据。

4.4　羊栖菜样本形态特征的散点图分析

使用 SPSS 或 Excel 软件对 4.3 部分测量的数据进行分析，制作散点图，判断各变量（测量指标）相关趋势，选择相对集中的散点对应的变量进行相关性分析，记录分析结果。

4.5　羊栖菜样本形态特征的相关性分析

将 4.4 部分选取的变量及对应的 4.3 部分的数值代入 SPSS 统计分析软件中的 Pearson 相关性模型，获得相关系数，确定变量是否适合进行主成分分析，标记适合进行主成分分析的变量。

4.6　羊栖菜样本形态特征的主成分分析

使用 SPSS 软件主成分分析，输出分析结果，根据方差贡献表和主成分协方差矩阵等信息，判定养殖羊栖菜形态特征的主成分。

4.7　羊栖菜样本形态特征的主成分聚类分析

根据 4.6 部分的判定结果，将养殖羊栖菜主成分变量的数值代入 SPSS 统计分析软件中的遗传距离图谱绘制模型，输出主成分聚类结果。

4.8　羊栖菜品系鉴别和分类判定

将 4.7 部分获得的遗传距离值代入 SPSS 软件中的单因素方差分析数学模型，进行组内和组间方差分析，判定采集样本形态特征的差异显著性，将符合“一般显著（$F_{0.1} < F < F_{0.05}$）”标准的样本记为种源相同品系或品种，将符合“高度显著（$F > F_{0.01}$）”标准的样本记为种源完全不同的品系或品种，将符合“显著（$F_{0.05} < F < F_{0.01}$）”标准的样本记为种源杂交品系或品种。

5　同一地区养殖羊栖菜成熟孢子体与野生羊栖菜成熟孢子体的品系鉴别和分类标准

本标准适用于同一地区养殖羊栖菜成熟孢子体品系多样性及其与野生羊栖菜成熟孢子体的亲缘关系研究。所述同一地区养殖羊栖菜成熟孢子体与野生羊栖菜成熟孢子体的品系鉴别和分类方法主要包括以下步骤。

5.1　羊栖菜群体的选取

本标准样本限于同一地区养殖羊栖菜群体与野生羊栖菜群体，如每年4月中旬至8月初浙江省温州市洞头区某港湾或岙口的人工养殖羊栖菜的成熟孢子体群体，以及每年7月初至8月中旬浙江省温州市洞头区某海岛或相邻岛屿野生羊栖菜成熟孢子体群体。

5.2　羊栖菜样本的选取

定点选取3～5个较大规模的养殖港湾或岙口，分别随机选取人工养殖羊栖菜成熟孢子体样本至少30（$n \geq 30$）株。定点选取3～5个着生野生羊栖菜的岛屿或岛礁，分别随机选取野生羊栖菜成熟孢子体样本至少30（$n \geq 30$）株。对样本进行编号，记录样本采集时间、采集地点，用照相机记录各样本的形态。

5.3　羊栖菜样本的形态特征测量

用游标卡尺测量各样本假根的长度、直径，茎的直径，叶的长度、宽度，气囊囊尖长度、囊体长度和宽度、囊茎长度，生殖托托体长度、托体直径和托茎长度。记录所测量的数据。

5.4　羊栖菜样本形态特征的散点图分析

使用SPSS或Excel软件对5.3部分测量的数据进行分析，制作散点图，判断各变量（测量指标）相关趋势，选择相对集中的散点对应的变量及对应的5.3部分的数值，进行相关性分析，记录分析结果。

5.5　羊栖菜样本形态特征的相关性分析

将5.4部分选取的变量对应的5.3部分的数值代入SPSS软件中的Pearson相关性数学模型，获取相关系数，确定变量是否适合进行主成分分析，标记进行主成分分析的变量。

5.6　羊栖菜样本形态特征的主成分分析

使用SPSS软件进行主成分分析，输出分析结果，根据方差贡献表和主成分协方差矩阵等信息判定人工养殖羊栖菜和野生羊栖菜形态特征的主成分，对比分析人工养殖羊栖菜与野生羊栖菜相同和不同的形态特征主成分。

5.7　羊栖菜样本形态特征的主成分聚类分析

根据5.6部分判定的结果，将养殖和野生羊栖菜主成分变量的数值分别代入SPSS软件中的遗传距离图谱绘制模型，输出主成分聚类结果，判定养殖和野生羊栖菜间相同的主成分。将养殖和野生羊栖菜间的相同主成分变量的数值共同代入SPSS软件中的遗传距离图谱绘制模型，输出主成分聚类结果。

5.8 羊栖菜品系鉴别和分类判定

将5.7部分获得的遗传距离值代入SPSS统计分析软件中的单因素方差分析数学模型，进行组内和组间方差分析，判定采集样本形态特征的差异显著性，将符合“一般显著（$F_{0.1} < F < F_{0.05}$）”标准的样本记为种源相同品系或品种，将符合“高度显著（$F > F_{0.01}$）”标准的样本记为种源完全不同品系或品种，将符合“显著（$F_{0.05} < F < F_{0.01}$）”标准的样本记为种源杂交品系或品种。

6 不同地区不同羊栖菜成熟孢子体群体的品系鉴别和分类标准

本标准适用于不同地区不同羊栖菜成熟孢子体群体之间的形态特征差异、亲缘关系和群体内品系多样性等判定研究。所述的不同地区不同羊栖菜成熟孢子体群体的品系鉴别和分类方法主要包括以下步骤。

6.1 羊栖菜群体的选取

本标准实验样本限于不同地区养殖和野生羊栖菜群体。例如，每年2月初至6月中旬南海养殖和野生羊栖菜成熟孢子体群体，每年4月中旬至8月初东海养殖和野生羊栖菜成熟孢子体群体，每年8月初至11月中旬黄渤海养殖和野生羊栖菜成熟孢子体群体。

6.2 羊栖菜样本的选取

每年2月初至4月中旬，定点选取南海3～5个养殖港湾或岙口，分别随机选取养殖羊栖菜成熟孢子体样本至少30($n \geq 30$)株。每年4月中旬至6月中旬，定点选取南海3～5个着生野生羊栖菜的岛屿或岛礁，每个岛屿或岛礁各随机选取野生羊栖菜成熟孢子体样本至少30（$n \geq 30$)株。

每年4月中旬至8月初，定点选取东海3～5个养殖羊栖菜的港湾或岙口，每个养殖港湾或岙口各随机选取养殖羊栖菜成熟孢子体样本至少30（$n \geq 30$)株。每年7月初至8月中旬，定点选取东海3～5个着生野生羊栖菜的岛屿或岛礁，每个岛屿或岛礁各随机选取野生羊栖菜成熟孢子体样本至少30（$n \geq 30$)株。

每年8月初至11月中旬，定点选取黄渤海3～5个养殖羊栖菜的港湾或岙口，每个养殖港湾或岙口各随机选取养殖羊栖菜成熟孢子体样本至少30（$n \geq 30$)株。每年9月中旬至11月初，定点选取黄渤海3～5个着生野生羊栖菜的岛屿或岛礁，每个岛屿或岛礁各随机选取野生羊栖菜成熟孢子体样本至少30（$n \geq 30$)株。

对样本进行编号，记录样本的采集时间、采集地点，用照相机记录各样本形态。

6.3　羊栖菜样本的形态特征测量

用游标卡尺测量各样本假根的长度、直径，茎的直径，叶的长度、宽度，气囊囊尖长度、囊体长度和宽度、囊茎长度，生殖托托体长度、托体直径和托茎长度。记录所测量的数据。

6.4　羊栖菜样本形态特征的散点图分析

使用 Excel 或 SPSS 软件对 6.3 部分测量的数据进行分析，制作散点图，判断各变量（测量指标）相关趋势，选择相对集中的散点对应的变量，进行相关性分析，记录分析结果。

6.5　羊栖菜样本形态特征的相关性分析

将 6.4 部分判定的变量和对应的 6.3 部分的数值代入 SPSS 软件中的 Pearson 相关性数学模型，获取相关系数，确定变量是否适合进行主成分分析，标记适合进行主成分分析的变量。

6.6　羊栖菜样本形态特征的主成分分析

使用 SPSS 软件进行主成分分析，输出分析结果，根据方差贡献表和主成分协方差矩阵等信息判定养殖和野生羊栖菜形态特征主成分，对比分析同一地缘养殖和野生羊栖菜之间的形态特征主成分，对比分析南海、东海和黄渤海养殖羊栖菜之间以及南海、东海和黄渤海野生羊栖菜之间的形态特征主成分。

6.7　羊栖菜样本形态特征的主成分聚类数学模型分析

将 6.6 部分同一地缘养殖和野生羊栖菜相同的形态特征主成分数值代入 SPSS 软件中的遗传距离图谱绘制模型，输出聚类结果；将南海、东海和黄渤海养殖羊栖菜之间以及南海、东海和黄渤海野生羊栖菜之间相同的形态特征主成分数值分别代入 SPSS 软件中的遗传距离图谱绘制模型，输出聚类结果。

6.8　羊栖菜品系鉴别和分类判定

根据 6.7 部分获得的遗传距离图谱，将遗传距离值代入 SPSS 软件中的单因素方差分析数学模型，进行组内和组间方差分析，判定采集样本形态特征的差异显著性，将符合“一般显著（$F_{0.1} < F < F_{0.05}$）”标准的样本记为种源相同品系或品种，将符合“高度显著（$F > F_{0.01}$）”标准的样本记为种源完全不同品系或品种，将符合“显著（$F_{0.05} < F < F_{0.01}$）”标准的样本记为种源杂交品系或品种。

参考文献

[1] 国家技术监督局. 国际单位制及其应用：GB 3100—1993[S/OL].（1993-12-27）[2012-12-13]. http://www.doc88.com/p-908977127408.html.

[2] 国家技术监督局．有关量、单位和符号的一般原则：GB 3101—1993[S/OL].（1993-12-27）[2021-03-04].https://wenku.baidu.com/view/eee4be6af724ccbff121dd36a32d7375a517c698.html.

[3] 中华人民共和国国家质量监督检验检疫总局，中国国家标准化管理委员会．标点符号用法：GB/T 15834—2011[S/OL].（2011-12-30）[2012-12-01].http://www.moe.gov.cn/jyb_sjzl/ziliao/A19/201001/t20100115_75611.html.

[4] 国务院．国务院关于同意宁波、温州高新技术产业开发区建设国家自主创新示范区的批复（国函〔2018〕13号）[EB/OL].（2018-02-01）[2018-02-11]. http://www.gov.cn/zhengce/content/2018-02/11/content_5265936.htm.

[5] 温州市洞头区人民政府办公室．温州市洞头区人民政府关于印发《加快推进羊栖菜产业发展工作方案》的通知（洞政办发〔2019〕41号）[EB/OL].（2019-08-13）[2019-08-14].http://www.dongtou.gov.cn/art/2019/8/14/art_1254247_36907342.html.

附图

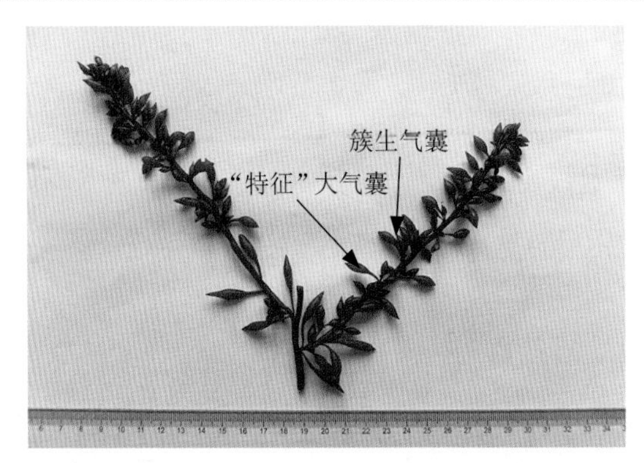

附图 1-1　羊栖菜“特征”大气囊与簇生气囊

红色箭头所指之处为每个品系的“特征”大气囊。

附图 1-2　羊栖菜不同品系“特征”大气囊对比图

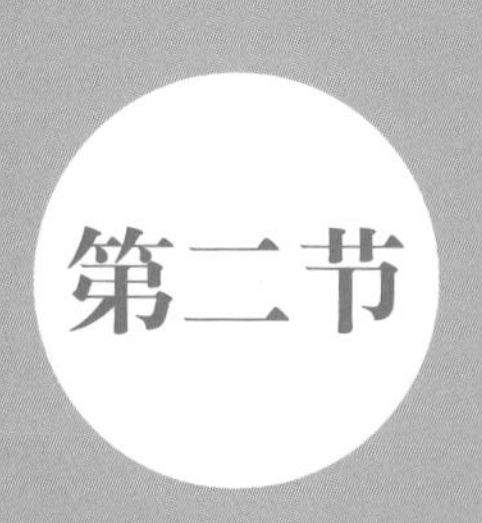

第二节 羊栖菜优良纯化型品系和野生型品系有性生殖杂交育种技术标准

Technical standards for sexual hybridization between fine purified-type and wild-type strains of *Sargassum fusiforme*

前 言

本标准根据 GB/T 1.1—2009《标准化工作导则　第 1 部分：标准的结构和编写》、GB/T 20000《标准化工作指南》和 GB/T 20001《标准编写规则》国家标准要求编写。

本标准由 ×××××× 单位提出。

请注意本标准的某些内容可能涉及专利，本标准的发布机构不承担识别这些专利的责任。

本标准起草单位：××××××、××××××。

本标准主要起草人：×××、×××。

本标准为首次发布。

引 言

根据国家标准化工作要求，在充分咨询科研院所专业技术人员和羊栖菜育种企业技术人员的基础上，系统地编写了《羊栖菜优良纯化型品系和野生型品系有性生殖杂交育种技术标准》。

为适应我国产业标准化工作发展的要求，助力温州市国家自主创新示范区建设，加快羊栖菜产业健康发展，更好地推动羊栖菜优良品系扩大养殖及羊栖菜产业高质量可持续发展，亟须编写和实施本标准。

羊栖菜（*Sargassum fusiforme*）是继海带（*Saccharina japonica*）、石花菜（*Gelidium amansii*）和裙带菜（*Undaria pinnatifida*）之后，我国又一种较大规模人工养殖的大型经济褐藻。浙江省温州市洞头区是我国集羊栖菜繁育、养殖、加工和产品出口与内销最大的产业基地，年均养殖面积 1.2 万余亩①，年产羊栖菜初级农产品干品 7 000 余吨，年出口干品粗产品 2 500 余吨，90%的粗产品以小袋包装出口至日本。近年来，我国在羊栖菜优良品系种质纯化方面成效显著，科技水平领先于日本、韩国。目前，我国水稻、小麦、甘薯等陆生作物杂交育种研究起步早，世界领先。然而，羊栖菜、海带和裙带菜等大型褐藻杂交育种研究现处于初级发展阶段，缺乏可复制、可推广和可拓展的杂交育种技术。吸收和借鉴高等作物杂交育种成熟技术经验，扎实开展羊栖菜杂交育种技术创新，利于弥补我国大型藻类杂交育种技术的不足，助推我国羊栖菜产业高质量可持续发展。

羊栖菜优良纯化型品系与野生型品系有性生殖杂交育种具有杂交后代性状分离、育种过程缓慢、技术过程复杂等缺点。如何科学设置羊栖菜种内杂交的单杂交、复合杂交和回交等技术步骤，突出羊栖菜杂交育种过程的选、培、育、繁、推、评的独创性，是本标准要解决的关键问题。

本标准制定以标准撰写规范化要求为基础，重点突出羊栖菜杂交育种技术的客观性、规范性和系统性，为进一步完善羊栖菜产业技术体系提供技术支撑。

1 范围

本标准描述了羊栖菜纯化型品系和野生型品系的幼孢子体生物学性状，设定了羊栖菜幼孢子体和孢子体的生态隔离养殖方法、优良品系筛选与标识方法、成熟孢子体有性生殖室内杂交育种暂养环境条件、成熟孢子体有性生殖雌株与雄株配比、杂交子代室内暂养环境条件、杂交子代海区养殖日常管理方法，以及杂交子代与野生型亲本回交、杂交品系

① 亩为非法定计量单位，但在生产中经常使用，本书保留。1 亩≈ 666. 67 m^2。

与回交型品系自交繁育方法，优良纯化型品系、野生型品系、杂交型品系和回交型品系遗传稳定性评价及品质评价等内容。

2 规范性引用文件

下列文件是本文件应用的支撑。凡标注日期的引用文件，仅所注日期的版本适用于本文件。未标注日期的文件，其更新版本（包括修改单）均适用于本文件。

GB 3100—1993 国际单位制及其应用（ISO 1000）

GB 3101—1993 有关量、单位和符号的一般原则（ISO 31-0）

GB/T 15834—2011 标点符号用法

NY 5052—2001 无公害食品 海水养殖用水水质

SC/T 3016—2004 水产品抽样方法

GB 23200.113—2018 食品安全国家标准 植物源性食品中208种农药及其代谢物残留量的测定 气相色谱－质谱联用法

GB/T 20769—2008 水果和蔬菜中450种农药及相关化学品残留量的测定 液相色谱－串联质谱法

GB 2762—2017 食品安全国家标准 食品中污染物限量

GB/Z 21922—2008 食品营养成分基本术语

GB 5009.88—2014 食品安全国家标准 食品中膳食纤维的测定

GB 5009.5—2016 食品安全国家标准 食品中蛋白质的测定

GB 5009.82—2016 食品安全国家标准 食品中维生素A、D、E的测定

GB 5009.85—2016 食品安全国家标准 食品中维生素 B_2 的测定

GB 5009.154—2016 食品安全国家标准 食品中维生素 B_6 的测定

GB 5009.86—2016 食品安全国家标准 食品中抗坏血酸的测定

GB 5009.6—2016 食品安全国家标准 食品中脂肪的测定

GB 5009.124—2016 食品安全国家标准 食品中氨基酸的测定

GB 5009.91—2017 食品安全国家标准 食品中钾、钠的测定

GB 5009.92—2016 食品安全国家标准 食品中钙的测定

GB 5009.241—2017 食品安全国家标准 食品中镁的测定

GB 5009.14—2017 食品安全国家标准 食品中锌的测定

《关于印发〈浙江省省级水产原、良种场建设要点〉的通知》（浙海渔发〔2012〕11号）

《中华人民共和国渔业法》（2013修正版）

《水产养殖质量安全管理规定》［中华人民共和国农业部令 第31号（2003）］

《国务院关于同意宁波、温州高新技术产业开发区建设国家自主创新示范区的批复》（国函〔2018〕13号）

《温州市洞头区人民政府办公室关于印发〈加快推进羊栖菜产业发展工作方案〉的通知》（洞政办发〔2019〕41号）

3 术语与定义

3.1 羊栖菜优良纯化型品系 fine purified-type strain of *Sargassum fusiforme*

羊栖菜优良纯化型品系是指从大自然中获得的羊栖菜个体，经人工多代栽培驯化、纯化选育、示范推广后获得的品系类型，所携带的是纯化型基因组。相同生态背景下，其基因序列上出现核苷酸位点突变。其优良性状包括单位产量，气囊形状、宽度与长度，茎直径及侧生分枝数等与经济价值相关的性状。

3.2 羊栖菜野生型品系 wild-type strain of *Sargassum fusiforme*

羊栖菜野生型品系为从大自然中获得的羊栖菜个体，携带野生型基因组。野生型指在自然界野生环境中发现的某一基因或生物体的普通型或非突变型。自然界中同一物种会有许多不同的生态型(ecotype)，不同生态型通常来自不同的产地。不同生态型的同一基因的序列不同，但均属于野生型。相同生态背景下，突变基因在序列上会有核苷酸位点突变，由演化初期的基因型 AA 突变成 Aa，进而产生隐形性状。羊栖菜野生型优良性状与经济价值相关，其性状表现与纯化型相同。

3.3 有性生殖 sexual reproduction

有性生殖是通过两性生殖细胞(卵与精子)的结合产生新个体的生殖方式。有性生殖是马尾藻类最普遍的生殖方式，其后代具备双亲的遗传特性，有更强的生活力与性状变异性，在马尾藻类演化过程中具有一定的积极作用。

3.4 杂交育种 hybridization breeding

杂交育种是使不同遗传型的亲本杂交，获得杂交子代，通过对杂交子代的培育和筛选，获得具有亲本优良性状，且不带有亲本不良性状的育种方法。杂交育种可将亲本控制不同性状的优良基因结合于一体，或将亲本控制同一性状的不同微效基因积累。杂交育种可改变物种的遗传组成，但不产生新的基因，仅将同一物种中两个或多个优良性状调控基因“归并”于新品系中，发挥杂种性状优势，以此获得比亲本经济性状更优良的新品系。杂交育种存在着后代性状分离、育种过程缓慢和技术过程复杂等缺点。杂交育种包括品种内杂交、品种间杂交(种内杂交)、种间杂交(属内杂交)、渐渗杂交等类型，分单杂交、复合杂交和回交等杂交方式。

4 基础条件

4.1 育种资质

育苗单位应为具有区级及以上羊栖菜育种资质的企事业单位，拥有专业技术人才或拥有同等资质的战略合作技术团队，具备完善的育苗设施及供电、给排水设施，能够保障羊栖菜良种繁育符合国家现行法规和标准的要求。

4.2　管理体系

育种单位应严格遵照《中华人民共和国渔业法》（2013 修改版）相关条款规定从事羊栖菜苗种引种、育种、扩繁和示范推广工作；严格依据《水产养殖质量安全管理规定》（2015 修正版）相关条款做好示范推广羊栖菜新品系年度质量安全评估；严格按照《关于印发〈浙江省省级水产原、良种场建设要点〉的通知》（浙海渔发〔2012〕11 号）相关规定建设良种培育海区、配备完备的育种设施，引进有经验的技术人员，配置图书资料室、标本室等。同时，育种单位应建立完善的育种生产、财务审计、人才引进、出勤考核、产品检验评估及实验室建设等管理制度。

4.3　海水水质

育种单位近岸海域海水水质应符合 NY 5052—2001《无公害食品　海水养殖用水水质》标准，海水盐度为 28 ～ 33，pH 为 7.8 ～ 8.3。

4.4　育种设施

育种单位应具备规范化种菜田、育苗池、沙池过滤池、蓄水池、仓储设施、防雨防晒设施、给排水设施、供电设施、维修设备、水质监测设备、盐度监测设备、降雨信息实时接收设备、海陆种菜运输船只等，设备齐全。

4.5　人员与生产安全

育种单位应具备熟练掌握育种理论知识、有丰富的羊栖菜育种经验的技术人员。育种人员必须身体健康、无重大疾病或传染病；育种设施远离严重污染源和城市污水排放区，育种场地整洁，符合健康卫生环境标准；生产设施、设备无水电、机械和摔划伤等安全隐患；育种船只必须持有国家海事管理机构认可的船舶检验机构检验合格证书，救生装备齐全。

5　羊栖菜优良纯化型品系和野生型品系有性生殖杂交育种操作

5.1　羊栖菜优良纯化型品系孢子体生物学性状特征

5.1.1　羊栖菜优良纯化型品系幼孢子体期叶形

羊栖菜优良纯化型品系幼孢子体期的叶为平缘叶、齿缘叶或棒形叶。根据不同叶形，进行人工筛选、采苗和夹苗。

5.1.2 羊栖菜优良纯化型品系成熟孢子体期气囊

羊栖菜优良纯化型品系成熟孢子体簇生气囊的囊体呈棒形或卵形，每簇生气囊包含 1 支或 2 支“特征”大气囊。以“特征”大气囊为品系分类标准。棒形气囊囊体长≥ 12.5 mm，宽≥ 3.7 mm；卵形气囊囊体长≥ 11.0 mm，宽≥ 4.7 mm。

5.1.3 羊栖菜优良纯化型品系成熟孢子体期茎

棒形气囊成熟藻体茎直径≥ 3.0 mm，卵形气囊成熟藻体茎直径≥ 3.5 mm。

5.2 羊栖菜野生型孢子体品系生物学性状特征

5.2.1 羊栖菜幼孢子体期叶形

羊栖菜野生型幼孢子体期叶为平缘叶、齿缘叶或棒形叶。根据不同产地野生型幼孢子体叶形特征，进行人工分类筛选、采苗和夹苗。

5.2.2 羊栖菜成熟孢子体期气囊

羊栖菜野生型品系每簇生气囊包含 1 支或 2 支“特征”大气囊。以“特征”大气囊为品系分类标准。棒形气囊囊体长≥ 12.0 mm，宽≥ 3.0 mm；卵形气囊囊体长≥ 10.0 mm，宽≥ 3.7 mm。

5.2.3 羊栖菜成熟孢子体期茎

棒形气囊成熟藻体茎直径≥ 2.7 mm，卵形气囊成熟藻体茎直径≥ 2.8 mm。

5.3 羊栖菜优良纯化型品系与野生型品系生态隔离养殖

为保证羊栖菜优良纯化型品系和野生型品系纯度，于 10 月初，分品系夹苗于直径 0.5 cm、长度 3.3 m 纤维绳上，苗间距 15 ～ 20 cm。软式筏架单绳平挂，夹苗绳间距 4 m。纯化型品系和野生型品系置同地域不同海区生态隔离挂养，人工养殖至次年五六月份。

5.4 羊栖菜优良纯化型和野生型品系成熟孢子体种菜的选取

主要依据成熟孢子体期气囊大小选取羊栖菜优良纯化型和野生型品系成熟孢子体种菜。羊栖菜簇生气囊囊体主要包括棒形和卵形两种。羊栖菜优良纯化型品系种菜成熟期棒形囊体和卵形囊体大小如 5.1.2 部分所述。羊栖菜野生型品系种菜棒形囊体和卵形囊体大小如 5.2.2 部分所述。

5.5 羊栖菜优良雌株和雄株的筛选与标识

3 ～ 4 月份筛选生物学性状特征相同或相近的优良纯化型和野生型的雌株与雄株，采用不同的浮子或塑料瓶，在自然海区编号标识，持续观察其生长发育状况，至生殖托发育成熟。

5.6 羊栖菜优良纯化型品系与野生型品系有性生殖室内杂交育种环境和培养基条件

光照强度：200 ～ 230 μm /（m^2•s）。光周期：光暗时间比为 12 h∶12 h。海水盐度：30 ～ 33。海水 pH：7.8 ～ 8.3。室温：24℃～ 25℃。室内暂养时间 7 ～ 10 d。日更换海水 1 次或 2 次。辅助曝气溶氧。培养基选择 12 ～ 14 条单条宽 2 cm、材料为 20%～ 30%天然棉纤维和 70%～ 80%聚酯纤维（俗称涤纶）、两端各由一条镀锌钢丝做支撑的附苗帘或材料为 20%～ 25%天然棉纤维和 75%～ 80%聚酯纤维的棉绳组成的附苗盘，编号标记区分不同品系。

5.7 羊栖菜优良纯化型品系与野生型品系纯化与杂交有性生殖配比

于羊栖菜成熟期（在温州市洞头区为每年 5 月初），分别采集标识好的性状优良的纯化型品系和野生型品系雌株和雄株，按雌雄比为 1∶1 配比。羊栖菜单品系内进行有性生殖纯化；品系间进行有性生殖杂交。

5.8 羊栖菜优良纯化型品系与野生型品系杂交子代室内暂养

室内环境条件与 5.6 部分所述相同。精卵同步集中释放后，利用 280 目纱绢网收集受精卵，随即将受精卵均匀铺洒于事先浸入新鲜海水的附苗帘或附苗盘培养基上，静态培养 1 d。之后开动曝气装置，连续培养 7 ～ 10 d，每日更换新鲜海水 1 次，使用高压喷水设备（高压喷壶或水枪）清除受精卵及胚表面附着的泥沙。待羊栖菜杂交品系胚生长发育至 1 ～ 2 mm 时，将附苗帘或附苗盘转移至自然海区培养。

5.9 羊栖菜优良纯化型品系和野生型品系杂交子代自然海区养殖与日常管理

将附着羊栖菜杂交品系胚的附苗帘或附苗盘平挂于蜈蚣架养殖筏架上，附苗面向阳，下沉水深 10 ～ 15 cm。

使用高压喷水设备清除附着的泥沙，手工摘除附生的大型藻类。敌害海藻过量附着生长时，使用浓度为 0.08 g/mL 的柠檬酸溶液浸泡附苗帘或附苗盘 5 ～ 7 min。充分清洗脱酸后，清除常见寄生性杂藻——日本多管藻（*Melancthamnus japonica*，俗称红毛或猴子毛）。台风过境时，将附苗帘或附苗盘置于实验室控温暂存；待台风离境后重新置于自然海区挂养。羊栖菜杂交品系胚在自然海区人工培养 120 ～ 150 d（5 月初至 9 月末），可生长发育成 4 ～ 17 cm 长的幼孢子体。

5.10 羊栖菜杂交子代与生物学性状优良的野生型亲本回交

自杂交品系第 3 代起，重复采取 5.2、5.3、5.4 部分所述步骤筛选生物学性状优良的野生型品系亲本和杂交型品系亲本植株，实施回交。期间，同步实施优良纯化型品系、优良野生型品系和杂交型品系有性生殖自交纯化。

5.11 羊栖菜杂交子代与野生型亲本回交品系有性生殖自交繁育

经3～5代优良野生型品系亲本和杂交型品系回交后，实施回交型品系有性生殖自交繁育。期间，同步实施优良纯化型品系、野生型品系和杂交型品系有性生殖自交纯化。

5.12 羊栖菜优良纯化型品系、野生型品系、杂交型品系和回交型品系遗传稳定性评价

连续3代实施纯化型品系、野生型品系和杂交型品系人工纯化，并观测与比对三者生物学性状特征（叶形、气囊形态和大小以及生物量等）。每代选取生物学性状特征相同或相近的纯化型、野生型和杂交型品系优良植株，进行简化基因组测序和SSR分子标记分析，比对遗传特征。根据生物学性状特征、简化基因组测序分析和SSR分子标记分析结果，综合判定杂交品系遗传稳定性。羊栖菜杂交型品系的第3代起，连续3代和亲本品系回交，并对自交子代进行生物学性状特征观测、简化基因组测序和分子标记分析，综合判定回交品系遗传稳定性。

5.13 羊栖菜优良纯化型品系、野生型品系、杂交型品系和回交型品系的生物产量及品质评价

5.13.1 单位产量

羊栖菜杂交种2 700～2 800斤[①]/亩，比亲本2 500～2 700斤/亩高200～300斤/亩，比传统苗种1 600～1 700斤/亩高1 100～1 200斤/亩。

5.13.2 产品加工比

原材料∶粗产品≤1∶0.45。

5.13.3 典型残留农药

扑草净（prometryn）和特丁净（terbutryn）含量应小于0.01 mg/kg（GB 23200.113—2018《食品安全国家标准　植物源性食品中208种农药及其代谢物残留量的测定　气相色谱－质谱联用法》），霜霉威盐酸盐（propamocarb hydrochloride）含量应小于0.01 mg/kg（GB/T 20769—2008《水果和蔬菜中450种农药及相关化学品残留量的测定　液相色谱－串联质谱法》）。

5.13.4 典型重金属铅

铅含量应不大于1.0 mg/kg（干重计，GB 2762—2017《食品安全国家标准　食品中污染物限量》）。

① 斤为非法定计量单位，但在生产中经常使用，本书保留。1斤=500 g。

5.13.5　碳水化合物

碳水化合物采用碳水化合物法（GB/Z 21922—2008《食品营养成分基本术语》）测算。

5.13.6　膳食纤维

膳食纤维采用酶重量法（GB 5009.88—2014《食品安全国家标准　食品中膳食纤维的测定》）测算。

5.13.7　总蛋白质

总蛋白质采用凯氏定氮法（GB 5009.5—2016《食品安全国家标准　食品中蛋白质的测定》）测算。

5.13.8　维生素

维生素A检测采用反相高效液相色谱法（GB 5009.82—2016《食品安全国家标准　食品中维生素A、D、E的测定》），维生素B_2检测采用高效液相色谱法（GB 5009.85—2016《食品安全国家标准　食品中维生素B_2的测定》），维生素B_6检测采用高效液相色谱法（GB 5009.154—2016《食品安全国家标准　食品中维生素B_6的测定》），维生素C检测采用高效液相色谱法（GB 5009.86—2016《食品安全国家标准　食品中抗坏血酸的测定》），维生素E检测采用反相高效液相色谱法（GB 5009.82—2016《食品安全国家标准　食品中维生素A、D、E的测定》），等等。

5.13.9　总脂肪

总脂肪检测采用索氏抽提法或酸水解法（GB 5009.6—2016《食品安全国家标准　食品中脂肪的测定》）。

5.13.10　氨基酸

氨基酸检测选用氨基酸分析仪（茚三酮柱后衍生离子交换色谱仪）测定（GB 5009.124—2016《食品安全国家标准　食品中氨基酸的测定》）。

5.13.11　微量元素

钾检测采用火焰原子吸收光谱法、火焰原子发射光谱法或电感耦合等离子体发射光谱法（GB 5009.91—2017《食品安全国家标准　食品中钾、钠的测定》），钙检测采用火焰原子吸收光谱法、电感耦合等离子体发射光谱法或电感耦合等离子体质谱法（GB 5009.92—2016《食品安全国家标准　食品中钙的测定》），镁检测采用火焰原子吸收光谱法、电感耦合等离子体发射光谱法或电感耦合等离子体质谱法（GB 5009.214—2017《食品安全国家标准　食品中镁的测定》），锌检测采用火焰原子吸收光谱法、电感耦合等离子体发射光谱法、电感耦合等离子体质谱法或二硫腙比色法（GB 5009.14—2017《食品安全国家标准　食品中锌的测定》），等等。

参考文献

[1] 国家技术监督局.国际单位制及其应用:GB 3100—1993[S/OL].(1993-12-27)[2012-12-13]. http://www.doc88.com/p-908977127408.html.

[2] 国家技术监督局.有关量、单位和符号的一般原则:GB 3101—1993[S/OL].(1993-12-27)[2021-03-04]. https://wenku.baidu.com/view/eee4be6af724ccbff121dd36a32d7375a517c698.html.

[3] 中华人民共和国国家质量监督检验检疫总局,中国国家标准化管理委员会.标点符号用法:GB/T 15834—2011[S/OL].(2011-12-30)[2012-12-01]. http://www.moe.gov.cn/jyb_sjzl/ziliao/A19/201001/t20100115_75611.html.

[4] 中华人民共和国农业部.无公害食品 海水养殖用水水质:NY 5052—2001[S/OL].(2001-09-03)[2016-01-07]. https://www.taodocs.com/p-31106618.html.

[5] 中华人民共和国农业部.水产品抽样方法:SC/T 3016—2004[S/OL].(2004-01-07)[2018-11-22]. https://max.book118.com/html/2018/0829/6241055013001214.shtm.

[6] 中华人民共和国国家卫生健康委员会,中华人民共和国农业农村部,国家市场监督管理总局.食品安全国家标准 植物源性食品中208种农药及其代谢物残留量的测定 气相色谱-质谱联用法:GB 23200.113—2018[S/OL].(2018-06-21)[2018-10-17]. https://max.book118.com/html/2018/1016/5204301133001322.shtm.

[7] 中华人民共和国国家质量监督检验检疫总局,中国国家标准化管理委员会.水果和蔬菜中450种农药及相关化学品残留量的测定 液相色谱-串联质谱法:GB/T 20769—2008[S/OL].(2008-12-31)[2021-06-03]. https://max.book118.com/html/2019/0107/7052156036002000.shtm.

[8] 中华人民共和国国家卫生和计划生育委员会,国家食品药品监督管理总局.食品中污染物限量:GB 2762—2017[S/OL].(2017-03-17)[2018-05-29]. https://max.book118.com/html/2018/0529/169359533.shtm.

[9] 中华人民共和国卫生部,中国国家标准化管理委员会.食品营养成分基本术语:GB/Z 21922—2008[S/OL].(2008-05-16)[2021-06-03]. https://max.book118.com/html/2018/0829/6120133013001214.shtm.

[10] 中华人民共和国国家卫生和计划生育委员会.食品安全国家标准 食品中膳食纤维的测定:GB 5009.88—2014[S/OL].(2015-09-21)[2016-04-02]. https://max.book118.com/html/2016/0326/38801004.shtm.

[11] 中华人民共和国国家卫生和计划生育委员会,国家食品药品监督管理总局.食品安全国家标准 食品中蛋白质的测定:GB 5009.5—2016[S/OL].(2016-12-23)[2019-04-21]. https://max.book118.com/html/2019/0421/6242115011002024.shtm.

[12] 中华人民共和国国家卫生和计划生育委员会,国家食品药品监督管理总局.食品安全国家标准 食品中维生素A、D、E的测定:GB 5009.82—2016[S/OL].(2016-12-23)[2017-01-10]. http://www.doc88.com/p-1146349139836.html.

[13] 中华人民共和国国家卫生和计划生育委员会,国家食品药品监督管理总局.食品安全国家标准 食品中维生素B_2的测定:GB 5009.85—2016 [S/OL].(2016-12-23)[2017-01-10]. http://www.doc88.com/p-7784985795183.html.

[14] 中华人民共和国国家卫生和计划生育委员会,国家食品药品监督管理总局.食品安全国家标准 食品中维生素B_6的测定:GB 5009.154—2016 [S/OL].(2016-12-23)[2018-10-24]. https://max.book118.com/html/2018/1024/8043017013001130.shtm.

[15] 中华人民共和国国家卫生和计划生育委员会．食品安全国家标准 食品中抗坏血酸的测定：GB 5009.86—2016 [S/OL]．(2016-08-31) [2019-10-13]. https://max.book118.com/html/2019/1013/7126153014002063.shtm.

[16] 中华人民共和国国家卫生和计划生育委员会，国家食品药品监督管理总局．食品安全国家标准 食品中脂肪的测定：GB 5009.6—2016[S/OL]．(2016-12-13) [2018-12-13]. https://max.book118.com/html/2018/1213/6240205045001235.shtm.

[17] 中华人民共和国国家卫生和计划生育委员会，国家食品药品监督管理总局．食品安全国家标准 食品中氨基酸的测定：GB 5009.124—2016[S/OL]．(2017-06-23) [2019-09-19]. http://www.doc88.com/p-6768730572047.html.

[18] 中华人民共和国国家卫生和计划生育委员会，国家食品药品监督管理总局．食品安全国家标准 食品中钾、钠的测定：GB 5009.91—2017[S/OL]．(2017-04-06) [2017-04-15]. http://www.doc88.com/p-1681301090688.html.

[19] 中华人民共和国国家卫生和计划生育委员会，国家食品药品监督管理总局．食品安全国家标准 食品中钙的测定：GB 5009.92—2016[S/OL]．(2016-12-23) [2017-01-10]. http://www.doc88.com/p-9919617967899.html.

[20] 中华人民共和国国家卫生和计划生育委员会，国家食品药品监督管理总局．食品安全国家标准 食品中镁的测定：GB 5009.241—2017[S/OL]．(2017-04-06) [2018-07-14]. https://www.doc88.com/p-5949107442920.html.

[21] 中华人民共和国国家卫生和计划生育委员会，国家食品药品监督管理总局．食品安全国家标准食品中锌的测定：GB 5009.14—2017[S/OL]．(2017-04-06) [2019-11-15]. http://www.zgmkw.com/doc-18025.html.

[22] 浙江省海洋与渔业局办公室．关于印发《浙江省省级水产原、良种场建设要点》的通知（浙海渔发〔2012〕11 号）[S/OL]．(2012-02-13) [2013-08-16]. http://www.zj.gov.cn/art/2013/8/16/art_14458_99131.html.

[23] 全国人民代表大会常务委员会．中华人民共和国渔业法(2013 修订版）[EB/OL]．(2013-12-28) [2018-03-30]. http://www.moa.gov.cn/gk/zcfg/fl/201803/t20180330_6139436.htm.

[24] 中华人民共和国农业部．水产养殖质量安全管理规定(中华人民共和国农业部令 第 31 号）[EB/OL]．(2003-07-24). http://www.gov.cn/gongbao/content/2004/content_62952.htm.

[25] 国务院．国务院关于同意宁波、温州高新技术产业开发区建设国家自主创新示范区的批复(国函〔2018〕13 号）[EB/OL]．(2018-02-01) [2018-02-11]. http://www.gov.cn/zhengce/content/2018-02/11/content_5265936.htm.

[26] 温州市洞头区人民政府办公室．温州市洞头区人民政府关于印发《加快推进羊栖菜产业发展工作方案》的通知(洞政办发〔2019〕41 号）[EB/OL]．(2019-08-13) [2019-08-14]. http://www.dongtou.gov.cn/art/2019/8/14/art_1254247_36907342.html.

第二章

羊栖菜苗帘及养殖装置制作标准

本章内容

第一节 羊栖菜高附苗率苗帘的制作标准

Production standard of seedling collector with increased attachment rate of *Sargassum fusiforme*

前　言

本标准根据 GB/T 1.1—2009《标准化工作导则　第 1 部分：标准的结构和编写》、GB/T 20000《标准化工作指南》和 GB/T 20001《标准编写规则》国家标准要求编写。

本标准由 ×××××× 单位提出。

请注意本标准的某些内容可能涉及专利，本标准的发布机构不承担识别这些专利的责任。

本标准起草单位：××××××、××××××。

本标准主要起草人：×××、×××。

本标准为首次发布。

引　言

根据国家标准化工作要求，在充分咨询科研院所专业技术人员和羊栖菜加工企业技术人员基础上，系统地编写了《羊栖菜高附苗率苗帘的制作标准》。

为了适应我国产业标准化工作发展的要求，促进羊栖菜种业高质量发展，更好地发挥羊栖菜高附苗率苗帘对羊栖菜有性生殖育种的支撑作用，亟须编写和实施本标准。

羊栖菜（*Sargassum fusiforme*）是太平洋西北近岸海域特有的食药两用褐藻，具有性生殖和无性生殖两种生殖方式。人工利用羊栖菜有性生殖培育苗种具有高效率、规模化、苗种整齐度好等优点，现已成为羊栖菜栽培苗种的主要来源。我国是最早利用羊栖菜有性生殖培育苗种的国家，相关技术始于 20 世纪 90 年代中期，现已广泛应用于羊栖菜农业生产。羊栖菜有性生殖培育苗种技术发展历程中，科技工作者曾尝试使用塑料板、玻璃板、麻袋片和竹帘等作为羊栖菜受精卵的培养基质。但因生产成本高、易流失、抗拉力不强、拆卸不方便等缺点，上述培养基质均未得到推广应用。经不断改进，由天然棉纤维和聚酯纤维材质布条缝制的苗帘成为主要培养基质，并得到了推广应用。目前，现有苗帘应用中存在如下问题：存在布条材料结构比不合理、附苗面造型单一、支架钢条耐腐蚀性低等缺陷，常出现布条过硬造成附苗率偏低或不能附苗的情况；田间管理时，高压水枪喷射水流过大，造成幼胚或幼孢子体大量流失；台风季节，海浪冲击力过大造成布条断裂和羊栖菜幼孢子体大量流失；长期海区放养，大量敌害生物固生促使附苗帘下沉至较深水层，造成羊栖菜幼孢子体发育迟缓；附苗面造型单一易造成品系混杂等诸多问题。本标准系统规范了羊栖菜苗帘的制作方法，解决了附苗率低、幼孢子体流失、抗拉力不强、敌害生物去除效率低等问题。

本标准制定以标准撰写规范化要求为基础，重点突出评价指标内容设置，为市、省或国家编制羊栖菜苗帘制作标准提供技术参考，助推我国羊栖菜数字农业高质量发展。

1　范围

本标准规定了羊栖菜高附苗率苗帘制作相关术语的定义，所用布条规格、整体结构、编织材料组成，苗帘缝制、抗拉力检测、运输和保存等内容。

本标准适用于由带特殊花纹的棉 - 聚酯纤维混纺布条缝制，并由金属横梁固定的羊栖菜有性生殖苗种培育用苗帘的制作。

2　规范性引用文件

下列文件是本文件应用的支撑。凡标注日期的引用文件，仅所注日期的版本适用于本文件。未标注日期的引用文件，其更新版本（包括修改单）均适用于本文件。

GB 3100—1993　国际单位制及其应用（ISO 1000）

GB 3101—1993　有关量、单位和符号的一般原则（ISO 31-0）

GB/T 15834—2011　标点符号用法

《国务院关于同意宁波、温州高新技术产业开发区建设国家自主创新示范区的批复》（国函〔2018〕13 号）

《温州市洞头区人民政府办公室关于印发〈加快推进羊栖菜产业发展工作方案〉的通知》（洞政办发〔2019〕41 号）

3　术语与定义

3.1　羊栖菜有性生殖 sexual reproduction of *Sargassum fusiforme*

羊栖菜有性生殖包括幼孢子体有性生殖和成熟孢子体有性生殖两种，二者具有相同的生殖特征，即生殖托发育成熟后，雌生殖托释放卵子，雄生殖托释放精子，且卵子和精子的释放具有同步性，精卵结合后形成二倍体受精卵（合子）。羊栖菜幼孢子体与成熟孢子体有性生殖的差异在于幼孢子体有性生殖产生的受精卵量较少，生殖生物学意义突出，但不具有规模化生产应用的价值；成熟孢子体有性生殖产生的受精卵量较大，既具有生殖生物学意义，也具有大规模生产应用的价值。

3.2　羊栖菜受精卵 fertilized egg of *Sargassum fusiforme*

羊栖菜受精卵即羊栖菜卵子与精子结合后形成的二倍体合子（zygote）。受精卵经有丝分裂形成尚未进行丝状假根分化的 64 细胞体或 128 细胞体，之后脱离生殖托沉降至水底。

3.3　羊栖菜苗种 seedling of *Sargassum fusiforme*

羊栖菜苗种指经有性生殖或无性生殖获得的羊栖菜幼孢子体（young sporophyte），包括野生羊栖菜苗种和羊栖菜有性生殖繁育苗种。目前，我国农业生产用羊栖菜苗种主要以羊栖菜有性生殖繁育苗种为主，温州市洞头区羊栖菜主产区应用最多。

3.4　羊栖菜苗帘 seedling collector of *Sargassum fusiforme*

羊栖菜苗帘是羊栖菜有性生殖苗种培育用培养基质，为由棉－聚酯纤维混纺布条缝制成的具有一定规格的、尚未附着胚的长方形布帘，其短边两端固定有耐腐蚀金属横梁。

4　基本条件

4.1　加工资质

苗帘加工企业应具有羊栖菜苗种研发资质或拥有同等资质的战略合作研发团队，内设质检部门，能够保障苗帘制作符合国家现行相关标准要求。

4.2　生产人员与场地

生产人员、环境、车间和设施等应符合国家现行安全生产法律规定。

4.3　生产技术与设备

4.3.1　生产技术

生产企业应具有布料设计、缝制、钢条切割与弯制加工、电镀或喷漆、高温消毒、抗拉力检测和羊栖菜苗帘保存等一系列配套的生产技术。

4.3.2　生产设备

生产企业应具备缝纫、钢丝切割、电镀或喷漆、大容量离心和抗拉力检测等设备。

5　加工工艺

5.1　布条编织材料组成与结构标准

5.1.1　正方体与长方体高低搭配布条

如图 2-1、图 2-2 所示，布条为单面花纹设计，宽 22 mm，厚 1.0 mm，基底层厚 0.2 mm，主体部分由正方体高格（边长 1.0 mm，厚度 1.0 mm）和长方体低格（边长 1.0 mm，厚度 0.5 mm）组成。基底层和正方体高格为布条骨架，材质为20%天然棉纤维和80%聚酯纤维；长方形低格为受精卵着生部位，材质为 30%天然棉纤维和 70%聚酯纤维。

5.1.2　长方体高低搭配布条

如图 2-3、图 2-4 所示，布条为单面花纹设计，宽 22 mm，厚 0.8 mm，基底层厚 0.2 mm，主体部分由高的长方体格楞和低的长方体内格组成。格楞高 1.0 mm，宽 1.0 mm，间距 1.5 mm。内格宽 1.0 mm，高 0.5 mm，间距 0.5 mm。基底层和格楞为布条骨架，材质为 15%天然棉纤维和 85%聚酯纤维；内格为受精卵着生部位，材质为 25%天然棉纤维棉和 75%聚酯纤维。

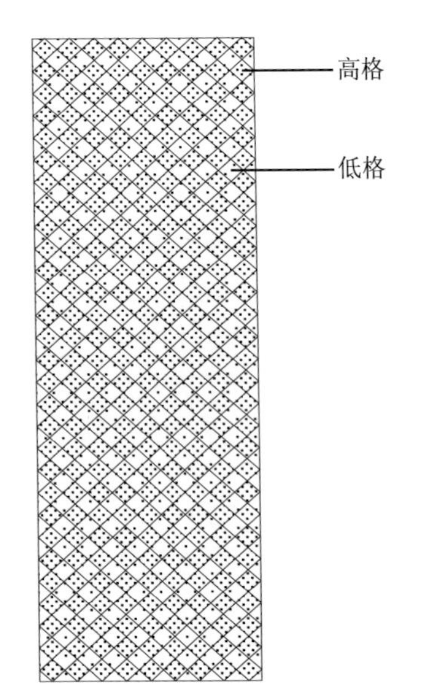

图 2-1　布条平面结构图

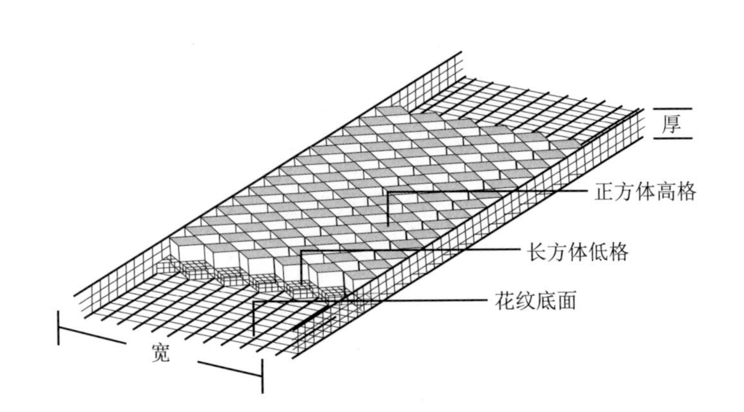

图 2-2　布条立体结构图

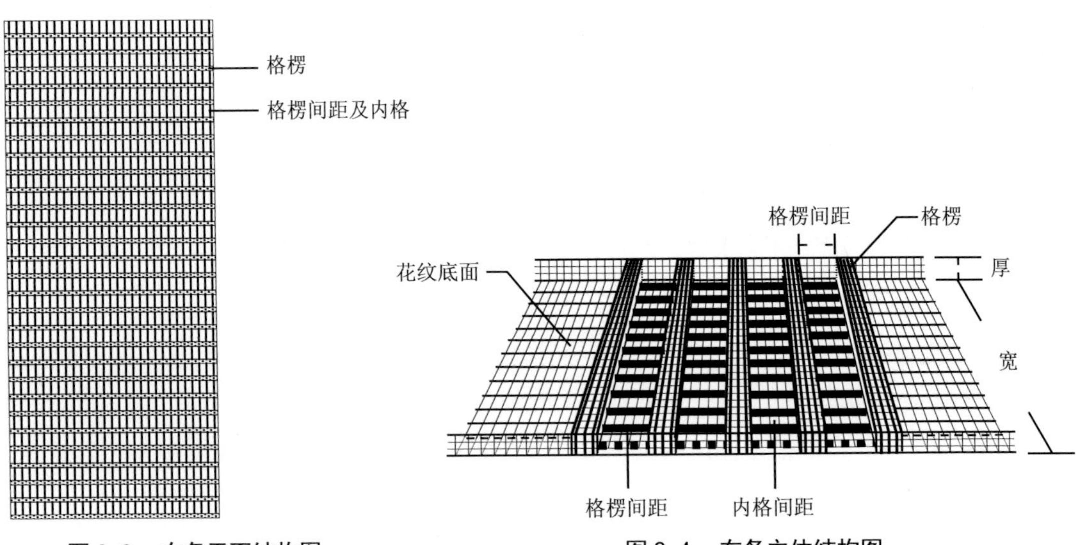

图 2-3　布条平面结构图

图 2-4　布条立体结构图

5.1.3　梯形体结构布条

如图 2-5 所示，布条为单面花纹设计，宽 22 mm，厚 1.0 mm，基底层厚 0.2 mm，主体部分呈梯形凸凹结构。格楞高 1.0 mm，上底面宽 1.0 mm，下底面宽 2.0 mm；格楞与格楞上底间距 2.0 mm，下底间距 1.0 mm。内格高 0.3 mm，间距 0.3 mm。基底层和格楞为布条骨架，材质为 15% 天然棉纤维和 85% 聚酯纤维；内格为受精卵着生部位，材质为 30% 天然棉纤维和 70% 聚酯纤维。

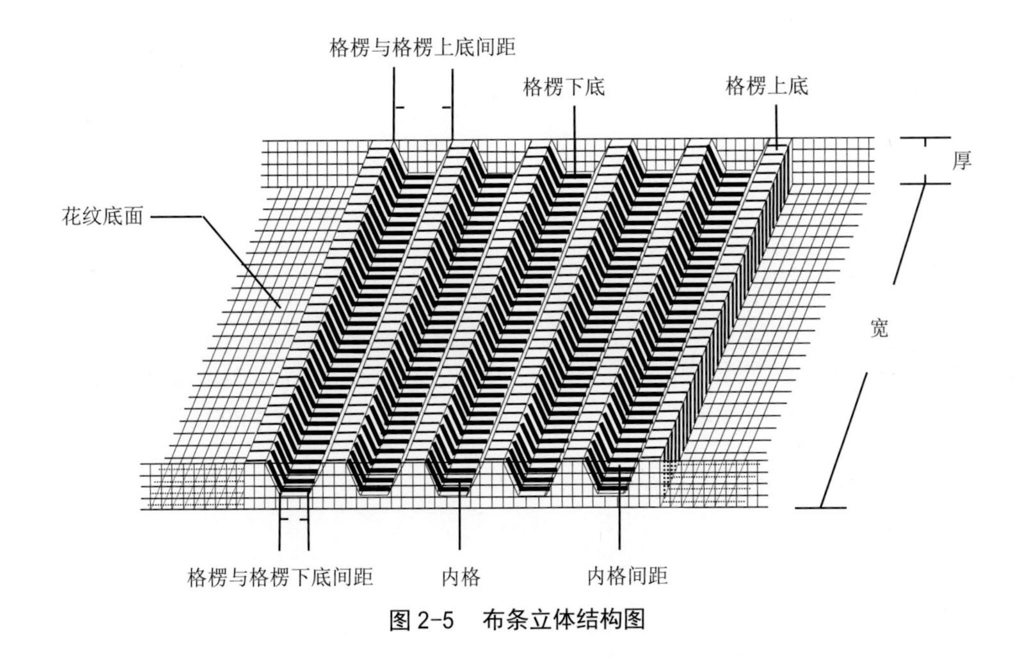

图 2-5　布条立体结构图

5.2　布条委托加工

委托国内具有布条加工资质的工厂予以加工，并签订委托加工协议，明确布条涉及的专属权。

5.3　羊栖菜苗帘缝制

羊栖菜苗帘（图 2-6），长 180 cm，布板宽 39.5 cm（相邻布条间有缝隙），由 16 条 180 cm 长、2.4 cm 宽的白色布条并联缝制而成。在底面用 3 条间隔 45 cm 的横向连接布条固定，两短边距端可用钢底横梁固定。缝制线选择聚酰胺纤维（锦纶或尼龙）缝纫线。每条横向连接布条及短边距钢丝固定端匀距缝制 5 遍（图 2-7、图 2-8）。

图 2-6　布帘整体形状图

图 2-7　布帘横向固定

图 2-8　布帘短边距钢丝固定端

5.4　布帘短边距钢丝固定

钢丝直径 3 mm，长 44 cm。布帘两短边距端各回扣 2 cm，缝纫固定。

6　羊栖菜苗帘的抗拉力检测

抽样检测不同纹理结构的苗帘的抗拉力参数，抗拉力不足的苗帘应重新加固缝制。将抗拉力参数告知羊栖菜养殖户，为其正确培苗提供参考。

7　羊栖菜苗帘的保存与运输

7.1　保存

制作好的羊栖菜苗帘每 10 条为一组，每 7 组装于一个编织袋，置于防雨、防鼠、避风、干燥场地保存。装有羊栖菜苗帘的编织袋与地面和墙壁保持 15 ～ 20 cm 的距离，不得与油类和化学污染物混存。

7.2　运输

育苗期使用运输车辆将羊栖菜苗帘运送至育苗场。

参考文献

［1］ 国家技术监督局．国际单位制及其应用：GB 3100—1993［S/OL］．（1993-12-27）［2012-12-13］．http://www.doc88.com/p-908977127408.html.

［2］ 国家技术监督局．有关量、单位和符号的一般原则：GB 3101—1993［S/OL］．（1993-12-27）［2021-03-04］．https://wenku.baidu.com/view/eee4be6af724ccbff121dd36a32d7375a517c698.html.

［3］ 中华人民共和国国家质量监督检验检疫总局，中国国家标准化管理委员会．标点符号用法：GB/T 15834—2011［S/OL］．（2011-12-30）［2012-12-01］．http://www.moe.gov.cn/jyb_sjzl/ziliao/A19

/201001/t20100115_75611.html.

[4] 国务院．国务院关于同意宁波、温州高新技术产业开发区建设国家自主创新示范区的批复(国函〔2018〕13号)[EB/OL].(2018-02-01)[2018-02-11].http://www.gov.cn/zhengce/content/2018-02/11/content_5265936.htm.

[5] 国家发展改革委，自然资源部．关于建设海洋经济发展示范区的通知(发改地区〔2018〕1712号)[S/OL].(2018-11-23)[2018-11-23].https://zfxxgk.ndrc.gov.cn/web/iteminfo.jsp?id=15955.

[6] 温州市洞头区人民政府办公室．温州市洞头区人民政府关于印发《加快推进羊栖菜产业发展工作方案》的通知(洞政办发〔2019〕41号)[EB/OL].(2019-08-13)[2019-08-14]. http://www.dongtou.gov.cn/art/2019/8/14/art_1254247_36907342.html.

风浪小、水质清海区挂养羊栖菜附苗帘筏架装置组的制作标准

Production standard of raft frame units for seedling attached curtain of *Sargassum fusiforme* in sea areas with small waves and clear water

前　言

本标准根据 GB/T 1.1—2009《标准化工作导则　第 1 部分：标准的结构和编写》、GB/T 20000《标准化工作指南》和 GB/T 20001《标准编写规则》国家标准要求编写。

本标准由 ×××××× 单位提出。

请注意本标准的某些内容可能涉及专利，本标准的发布机构不承担识别这些专利的责任。

本标准起草单位：××××××、××××××。

本标准主要起草人：×××、×××。

本标准为首次发布。

引　言

根据国家标准化工作要求，在充分咨询科研院所和企业专业技术人员、羊栖菜苗种培育人员的基础上，系统地编写了《风浪小、水质清海区挂养羊栖菜附苗帘筏架装置组的制作标准》。

为了适应我国产业标准化工作的要求，促进羊栖菜种业高质量发展，更好地发挥羊栖菜附苗帘筏架装置组对羊栖菜有性生殖育苗的支撑作用，亟须编写和实施本标准。

在利用羊栖菜有性生殖培育苗种时，通常采用蜈蚣架筏架养殖方式。人工获取羊栖菜受精卵后，将受精卵均匀铺洒于苗帘培养基上。经室内短期培育，受精卵可发育为胚，并附着生长于苗帘上。附苗帘至海区挂养一段时期后，胚可生长发育为幼孢子体。幼孢子体经栽培种植，逐渐生长发育为成熟孢子体。现有传统蜈蚣架的基本架构如下：多根竹竿等间距排列；竹竿两端固定于海区内固定设置的两条航道绳；苗帘两短边距端（镀铬钢丝）通过聚乙烯纤维绳固定于相邻两根竹竿上；培养基为 16 条布条并联缝制的布帘。培育时羊栖菜胚须位于布带的上表面，否则会因缺少光照而死亡。实践表明，传统蜈蚣架存在架构复杂、附苗率低、生产成本高等缺点，严重制约了羊栖菜培苗效率和质量。如何解决传统蜈蚣架的不足，促进羊栖菜产业创新技术体系进一步完善，是本标准要解决的关键技术问题。

本标准制定以标准撰写规范化要求为基础，重点突出评价指标内容设置，为市、省或国家编制风浪小、水质清海区挂养羊栖菜附苗帘筏架装置组标准提供参考，助推我国羊栖菜数字农业高质量发展。

1　范围

本标准规定了羊栖菜附苗帘筏架装置组制作相关术语的定义，附苗帘筏架装置组结构、架杆结构、附苗帘组、固定连接件、卡扣固定件和限位固定件等内容。

本标准适用于海区挂养羊栖菜附苗帘筏架装置组的制作。

2　规范性引用文件

下列文件是本文件应用的支撑。凡标注日期的引用文件，仅所注日期的版本适用于本文件。未标注日期的引用文件，其更新版本（包括修改单）均适用于本文件。

GB 3100—1993　国际单位制及其应用（ISO 1000）

GB 3101—1993　有关量、单位和符号的一般原则（ISO 31-0）

GB/T 15834—2011　标点符号用法

《国务院关于同意宁波、温州高新技术产业开发区建设国家自主创新示范区的批复》（国函〔2018〕13 号）

《温州市洞头区人民政府办公室关于印发〈加快推进羊栖菜产业发展工作方案〉的通知》（洞政办发〔2019〕41 号）

3　术语与定义

3.1　筏架装置 cradle installation

筏架装置指羊栖菜有性生殖苗种的海区挂养装置，主要包括缆绳、架杆、附苗帘、固定连接装置、卡扣等组件，可使附苗帘漂浮于海水表层，使羊栖菜胚和幼孢子体能够处于适宜的光照、水温和营养盐等环境条件下，利于羊栖菜的生长发育，也利于敌害生物和泥沙的快速清除等田间管理。

3.2　附苗帘 seedling attached curtain

附苗帘是附着有羊栖菜的苗帘。苗帘为棉和化纤混织，二者适宜比例为 1∶4 至 1∶3。苗帘由 16 条 2.4 cm 宽、180 cm 长的白色布条并联缝制而成，两短边距端用钢底横梁固定。

3.3　架杆 frame pole

架杆是羊栖菜筏架装置组的主要结构之一，由耐腐蚀聚乙烯架杆主体、韧性加固环、等距凹槽、密封端口、环形连接器、卡箍连接片、固定销钉、硬质插接孔和硬质凸条等部件组装而成，主要担负航道绳和附苗帘的固定和支撑作用。

3.4　固定连接装置 fixed connection

固定连接装置为羊栖菜筏架装置中架杆与附苗帘的连接装置，主要包括卡扣和连接布条两部分，使附苗帘成组、平行固定于相邻两个架杆之间，实现羊栖菜胚及幼孢子体阶段的浮水培养。

3.5　限位固定装置 limit fixing

限位固定指通过等距设计，使附苗帘固定架与筏架架杆凹槽之间通过固定连接装置精准对接，使附苗帘等距、平行固定于相邻两个架杆之间，保证受力均匀，增强筏架装置的稳固性，也方便田间培苗管理。

4　基本条件

4.1　加工资质

附苗帘筏架装置组加工企业应具有羊栖菜苗种研发资质或拥有同等资质的战略合作研发团队，内设质检部门，能够保障附苗帘筏架装置组制作符合国家现行相关标准要求。

4.2　生产人员与场地

生产人员、环境、车间和设施等应符合国家现行安全生产法律规定。

4.3　生产技术与设备

4.3.1　生产技术

生产企业应具有筏架装置相关组件的切割、焊接、弯制加工、电镀或喷漆、缝制、组装、高温消毒和抗拉力检测等生产技术。

4.3.2　生产设备

生产企业应具备聚乙烯管材切割和焊接，缝制，钢丝切割、电镀或喷漆，大容量离心脱水和抗拉力检测等设备。

5　加工工艺

5.1　羊栖菜附苗帘筏架装置组的结构

羊栖菜附苗帘筏架装置组主要结构包括缆绳、架杆、附苗帘、固定连接装置、卡扣、旋转固定装置、附苗帘短边固定装置、浮子等 8 个组件（图 2-9、图 2-10）。

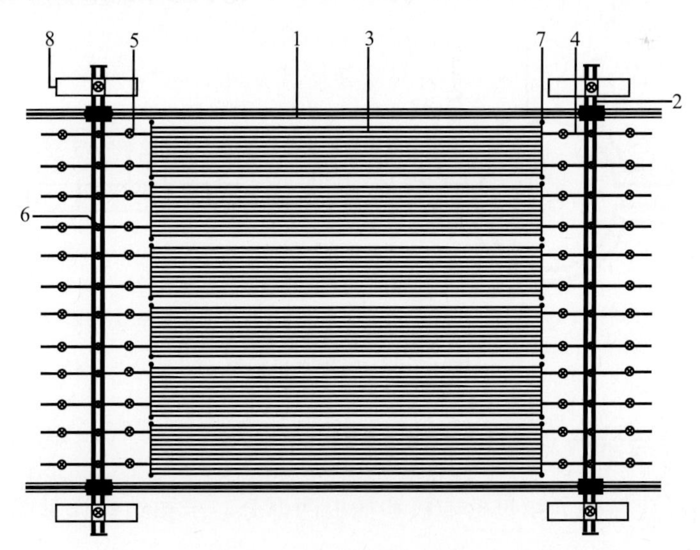

1. 缆绳；2. 架杆；3. 附苗帘；4. 连接带；5. 卡扣；6. 旋转固定装置；7. 附苗帘短边固定装置；8. 浮子。

图 2-9　羊栖菜附苗帘挂养筏架装置组的结构

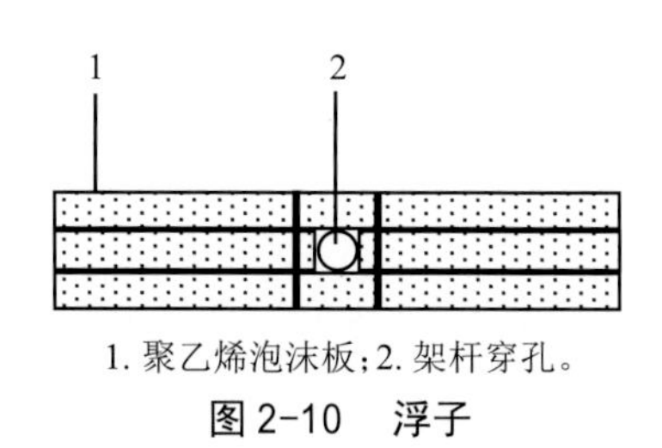

1. 聚乙烯泡沫板；2. 架杆穿孔。

图 2-10　浮子

5.2　羊栖菜附苗帘筏架装置组的架杆结构

羊栖菜附苗帘挂养筏架装置架杆主要包括耐腐蚀聚乙烯架杆主体、韧性加固环、等距凹槽、密封端口等结构，其中密封端口与密封盖连接，等距凹槽处置放旋转固定装置。相关结构详见图 2-11 至图 2-14。

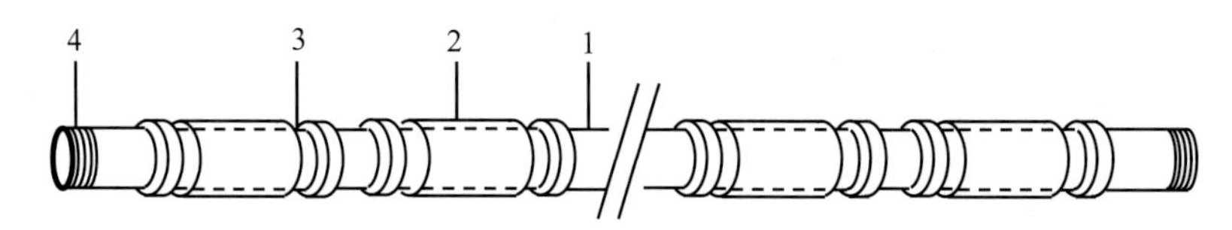

1. 耐腐蚀聚乙烯架杆主体；2. 韧性加固环；3. 等距凹槽；4. 密封端口。

图 2-11　羊栖菜附苗帘筏架装置组的架杆结构

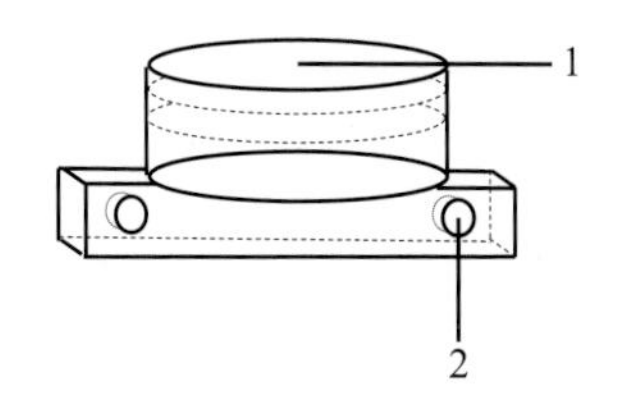

1. 端口封盖插口；2. 固定片连接孔。

图 2-12　密封盖

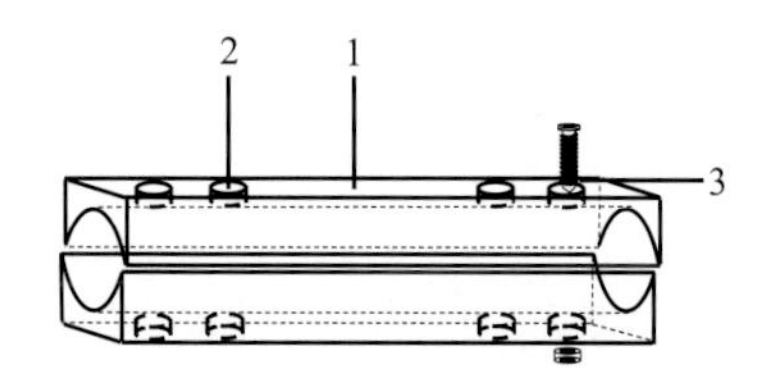

1. 缆绳固定连接片；2. 架杆端口固定接口；3. 连接片固定螺丝。

图 2-13　缆绳固定连接片

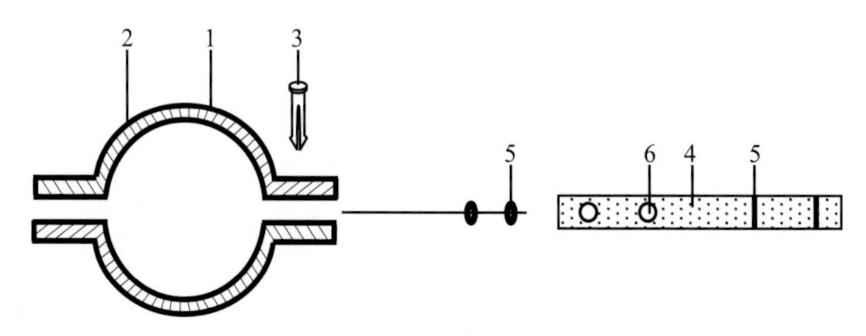

1. 旋转固定环；2. 旋转固定环半圆部；3. 旋转固定环连接锚钉；4. 连接布条；5. 着力阻挡条；6. 固定连接孔。

图 2-14　旋转固定装置

5.3　附苗帘与架杆连接的卡扣结构

附苗帘与架杆连接的卡扣包括卡板和插板两部分。卡扣结构详见图 2-15 至图 2-18。

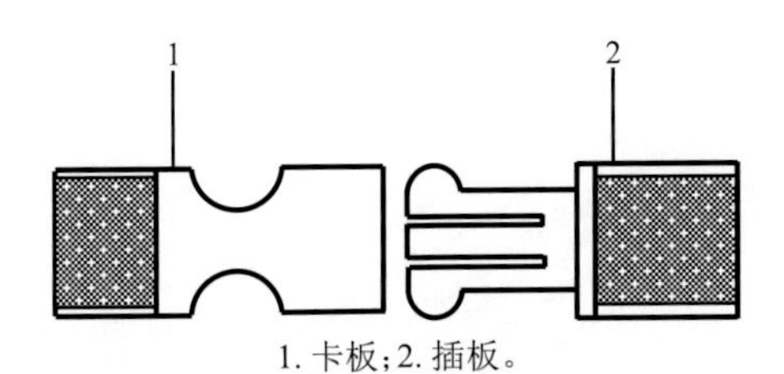

1. 卡板；2. 插板。

图 2-15　卡扣结构

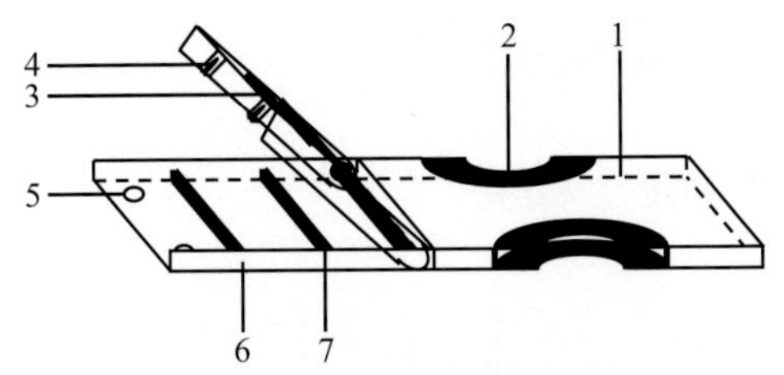

1. 卡板固定端；2. 固定孔；3. 连接布条固定旋转板；
4. 旋转板固定钉；5. 固定钉插孔；6. 连接布条卡条；
7. 卡板固定板。

图 2-16　卡扣卡板结构

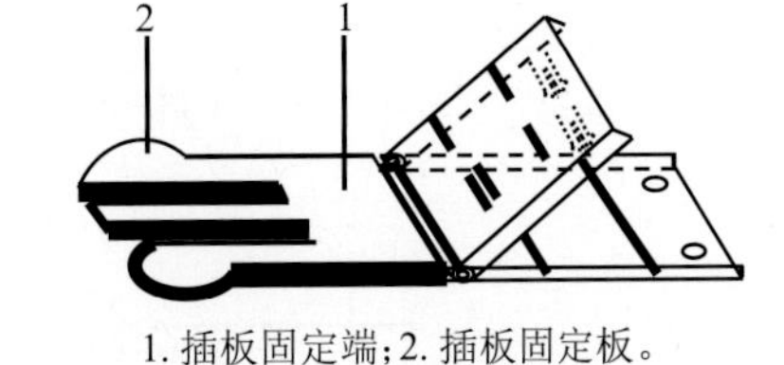

1. 插板固定端；2. 插板固定板。

图 2-17　卡扣插板结构

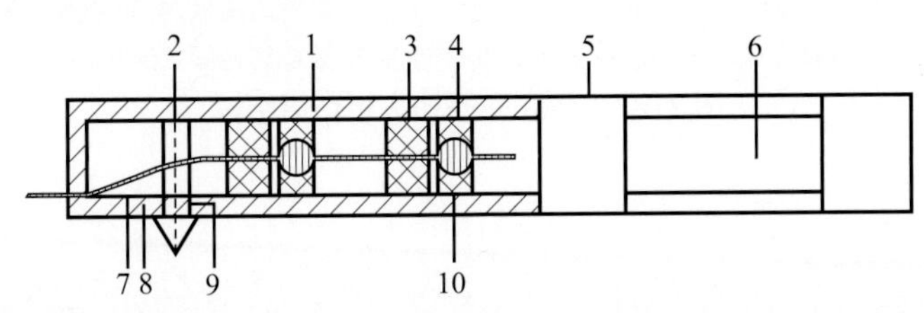

1. 卡板旋转板；2. 旋转板固定钉；3. 连接布条卡条；4. 布条固定条卡条；5. 旋转板连接体；
6. 卡板卡孔；7. 连接布条；8. 连接条固定连接孔；9. 旋转板固定孔；10. 连接布条着力阻挡条。

图 2-18　卡扣卡板纵切面结构

5.4　附苗帘的结构

附苗帘的结构包括布板和聚乙烯材料的短边夹板两部分，其结构详见图 2-19 至图 2-22。

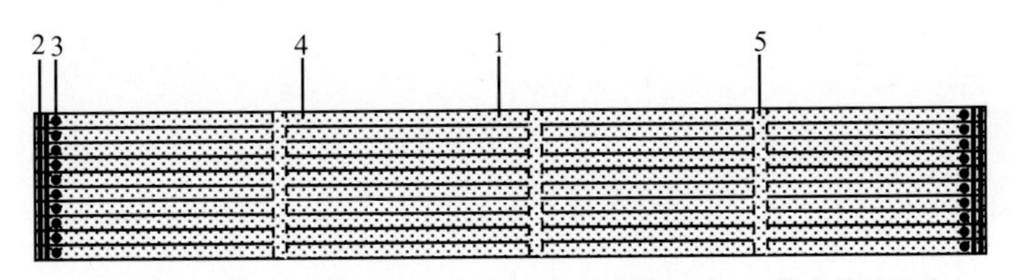

1. 布板整体结构；2. 着力阻挡条；3. 固定孔；4. 横向布条；5. 纵向连接布条。

图 2-19　附苗帘布板结构

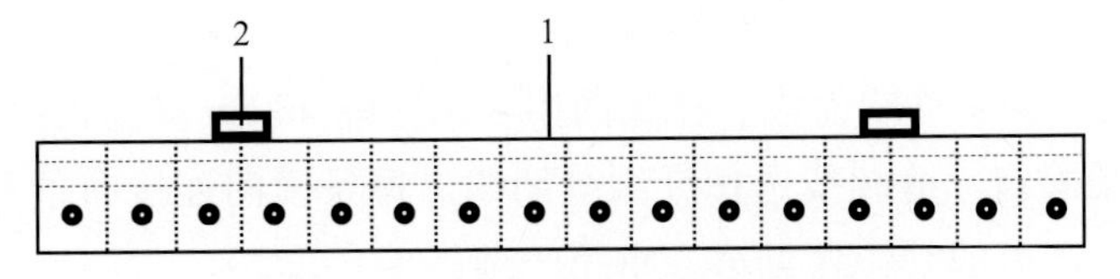

1. 附苗帘短边聚乙烯夹板主体；2. 布条固定连接孔。

图 2-20　附苗帘短边夹板外观

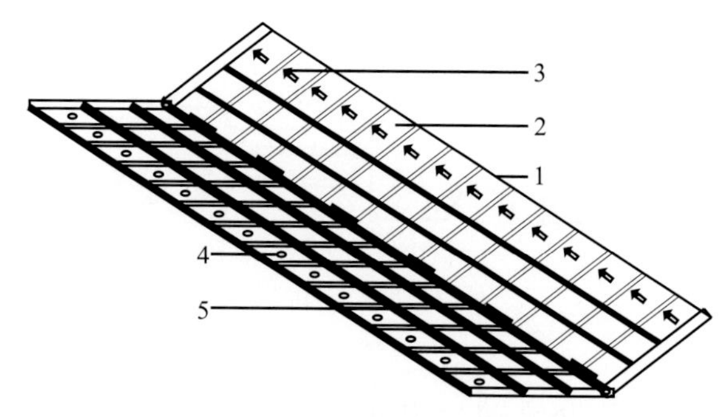

1. 附苗帘短边聚乙烯夹板；2. 夹板固定旋转板；3. 固定钉；4. 固定钉插孔；5. 着力隔板。

图 2-21　附苗帘短边夹板立体结构

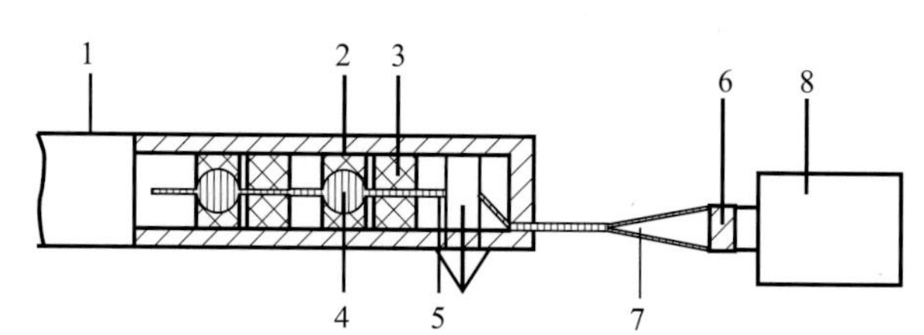

1. 附苗帘短边聚乙烯夹板；2. 布条着力卡板；3. 布条固定着力夹板；4. 布条固定着力条；
5. 连接布条；6. 连接孔；7. 第二连接布带；8. 架杆旋转固定连接件。

图 2-22　附苗帘短边夹板切面结构

6　委托加工

6.1　架杆、旋转固定环卡扣、附苗帘短边夹板等组件的委托加工

委托国内具有聚乙烯材料加工资质的生产企业，制模和批量加工架杆、旋转固定环、卡扣、附苗帘短边夹板等组件，明确组件涉及的专属权。

6.2　附苗帘布条的委托加工

委托国内具有布条加工资质的工厂予以加工，并签订委托加工协议，明确本布条涉及的专属权。

7　苗帘的制作与附苗帘的组装

7.1　苗帘的制作

羊栖菜苗帘，长 180 cm，布板宽 39.5 cm（相邻布条间有缝隙），由 16 条 180 cm 长、2.4 cm 宽的白色布条并联缝制而成。在底面用 3 条间隔 45 cm 横向连接布条固定，两短边距端可用钢底横梁固定。缝制线选择纤维缝纫线。每条横向连接布条及短边距钢丝固定端匀距缝制 5 遍。苗帘的制作详见第二章第一节。

7.2　附苗帘短边夹板的固定

将事先制作好的附苗帘短边夹板安装至附苗帘短边两端，辅助安装卡扣卡板。

8　筏架装置组的抗拉力检测

抽样检测筏架装置组的抗拉力参数，抗拉力不足的筏架装置组应重新加固或更换组件。将抗拉力参数告知羊栖菜养殖户，为其正确育苗提供参考。

9　筏架装置组成部分的储存

9.1　储存

筏架缆绳与定距固定板、架杆与固定连接附件、附苗帘与固定附件等组件可实时组装，分类置于防雨、防鼠、避风、干燥场地，与地面和墙壁保持 15 ～ 20 cm 的距离，不得与油类和化学污染物共存。

9.2　运输

育苗之前，使用运输车辆将事先处理好的缆绳、架杆等运送至码头，再使用养殖船只运送至培苗海区组装。

参考文献

[1] 国家技术监督局．国际单位制及其应用：GB 3100—1993[S/OL].（1993-12-27）[2012-12-13]. http://www.doc88.com/p-908977127408.html.

[2] 国家技术监督局．有关量、单位和符号的一般原则：GB 3101—1993[S/OL].（1993-12-27）[2021-03-04]. https://wenku.baidu.com/view/eee4be6af724ccbff121dd36a32d7375a517c698.html.

[3] 中华人民共和国国家质量监督检验检疫总局，中国国家标准化管理委员会．标点符号用法：GB/T 15834—2011[S/OL].（2011-12-30）[2012-12-01]. http://www.moe.gov.cn/jyb_sjzl/ziliao/A19/201001/t20100115_75611.html.

[4] 国务院．国务院关于同意宁波、温州高新技术产业开发区建设国家自主创新示范区的批复（〔2018〕13 号）[EB/OL].（2018-02-01）[2018-02-11]. http://www.gov.cn/zhengce/content/2018-02/11content_5265936.htm.

[5] 国家发展改革委，自然资源部．关于建设海洋经济发展示范区的通知（发改地区〔2018〕1712 号）[S/OL].（2018-11-23）[2018-11-23]. https://zfxxgk.ndrc.gov.cn/web/iteminfo.jsp?id=15955.

[6] 温州市洞头区人民政府办公室．温州市洞头区人民政府关于印发《加快推进羊栖菜产业发展工作方案》的通知（洞政办发〔2019〕41 号）[EB/OL].（2019-08-13）[2019-08-14]. http://www.dongtou gov.cn/art/2019/8/14/art_1254247_36907342.html.

第三章

羊栖菜养殖及人工育苗技术标准

本章内容

- 第一节　羊栖菜人工养殖技术标准
- 第二节　羊栖菜幼孢子体栽培的单位质量评价及差异比较标准
- 第三节　急性降雨造成育苗池内羊栖菜胚低盐伤害的防治方法

第一节

羊栖菜人工养殖技术标准

Standardized artificial cultivation techniques of *Sargassum fusiforme*

前 言

本标准根据GB/T 1.1—2009《标准化工作导则 第1部分:标准的结构和编写》、GB/T 20000—2014《标准化工作指南》和GB/T 20001—2017《标准编写规则》国家标准要求编写。

本标准由××××××单位提出。

请注意本标准的某些内容可能涉及专利,本标准的发布机构不承担识别这些专利的责任。

本标准起草单位:××××××、××××××。

本标准主要起草人:×××、×××、×××、×××、×××。

本标准为首次发布。

引 言

根据国家标准化工作要求,基于多年的羊栖菜养殖技术研究与实践,在充分咨询科研院所专业技术人员、政府有关职能部门负责人、长期从事羊栖菜养殖工作的人员和羊栖菜产品加工企业工作人员的基础上,编写了《羊栖菜人工养殖技术标准》。

为适应我国产业标准化工作发展的要求,助力温州市国家自主创新示范区建设[《国务院关于同意宁波、温州高新技术产业开发区建设国家自主创新示范区的批复》(国函〔2018〕13号)],加快羊栖菜产业健康发展[《温州市洞头区人民政府关于印发〈加快推进羊栖菜产业发展工作方案〉的通知》(洞政办发〔2019〕41号)],显著提高羊栖菜养殖生产效益,亟须编写和实施本标准,更好地发挥本标准在羊栖菜养殖实践中的指导作用。

温州市洞头区开展人工养殖羊栖菜30年以来,产学研合作,在苗种选育、扩繁、栽培和敌害生物防治等方面积累了丰富的经验。10年来,我们系统地开展了羊栖菜生物学、生活史和养殖生态学等基础研究,对羊栖菜生活史相关理论进行了补充和修正,也相应地对相关名词进行了更为科学的阐释。同时,我们开展了羊栖菜养殖新品系的选育与示范推广、野生羊栖菜的适应性养殖与扩繁、养殖装备及技术的创新研究与生产实践。因此,《羊栖菜人工养殖技术标准》更符合现行羊栖菜生产实际需求,充分体现了科学性、系统性、创新性、时代性、指导性和可操作性等特点。

1　范围

本标准规定了羊栖菜人工养殖技术中苗种繁育和田间管理、夹苗密挂养殖、分苗疏挂养殖和羊栖菜采收等典型生产阶段相关的术语、规范操作方法和注意事项等内容，并附简图和照片，更直观地解说本标准所述内容。

2　规范性引用文件

下列文件是本文件应用的支撑。凡标注日期的引用文件，仅所注日期的版本适用于本文件。未标注日期的文件，其更新版本（包括修改单）均适用于本文件。

GB 3100—1993　国际单位制及其应用（ISO 1000）

GB 3101—1993　有关量、单位和符号的一般原则（ISO 31-0）

GB/T 15834—2011　标点符号用法

GB/T 17451—1998　技术制图　图样画法　视图

NY 5052—2001　无公害食品　海水养殖用水水质

《中华人民共和国渔业法》（2013 修正版）

《水产养殖质量安全管理规定》［中华人民共和国农业部令　第 31 号（2003）］

《浙江省海洋功能区划（2011—2020 年）的批复》（国函〔2012〕163 号）

《国务院关于浙江省海洋资源保护与利用“十三五”规划》（浙发改规划〔2016〕503 号）

《温州市海洋功能区划（2013—2020 年）》（温政〔2016〕42 号）

《国务院关于同意宁波、温州高新技术产业开发区建设国家自主创新示范区的批复》（国函〔2018〕13 号）

《关于建设海洋经济发展示范区的通知》（发改地区〔2018〕1712 号）

《温州市洞头区人民政府办公室关于印发〈加快推进羊栖菜产业发展工作方案〉的通知》（洞政办发〔2019〕41 号）

3　术语与定义

3.1　种菜 parental seaweed

种菜指生长发育健康、形态特征优良、生殖托发育成熟的枝状藻体（成熟孢子体）。人工利用羊栖菜种菜有性生殖或假根无性生殖繁育苗种。

3.2　附苗帘 seedling attached curtain

附苗帘是附着有羊栖菜的苗帘。苗帘为棉和化纤混织，二者适宜比例为 1∶4 至 1∶

3。苗帘由 16 条 2.4 cm 宽、180 cm 长的白色布条并联缝制而成，两短边距端用钢底横梁固定。

3.3 生殖托 receptacle

羊栖菜雌雄异株，雌株生长雌生殖托，雄株生长雄生殖托。生殖托生长于簇生气囊的叶腋间，分托体、托茎或营养枝等结构。生殖托托体呈棒状，表面分布有褐色的圆形生殖窝，近托茎部位的生殖窝数量较少。每年 4 月初，羊栖菜成熟孢子体上少量生殖托开始萌发；至 4 月中旬，生殖托普遍开始萌发；至 5 月初，近 20% 的生殖托进入成熟期发育阶段；至 5 月中旬，近 45% 的生殖托进入成熟期发育阶段。随着羊栖菜有性生殖的发生及藻体侧生枝的逐渐流失，处于成熟期的生殖托数量显著减少。成熟前期至中期，雌生殖托托体长 0.8 ～ 3.3 cm，雄生殖托托体长 2.5 ～ 8.3 cm，此期间雄生殖托托体长度普遍大于雌生殖托托体长度。成熟后期，雌、雄生殖托托体形态差异不显著，雌、雄生殖托托体最大长度均可达 12.5 cm。此外，羊栖菜幼孢子体也会萌发生殖托，可进行有性生殖，产生幼胚。同时，存在叶尖着托或托尖着叶等特殊现象。

3.4 卵 egg

卵为羊栖菜有性生殖雌性生殖细胞，着生于雌生殖托生殖窝内，成熟后通过生殖窝孔释放。每个生殖窝可排 40 ～ 55 个卵。未成熟时，卵母细胞中央有 1 个大的细胞核。后来，核分裂 4 次（第 1 次为减数分裂），形成带有 8 个细胞核的卵。卵释放后，在生殖窝周围形成外膜包被的半球形卵聚体。羊栖菜卵受精（8 个细胞核中，只有 1 个受精，其余 7 个消失）后脱离母体，沉降于水底。

3.5 精子 sperm

精子为羊栖菜有性生殖雄性生殖细胞，着生于雄生殖托生殖窝内，成熟后通过生殖窝孔成团释放于水中，并迅速散开，寻找卵与之结合。

3.6 受精卵 fertilized egg

受精卵是羊栖菜有卵与精子结合后形成的二倍体细胞，又称合子（zygote）。

3.7 幼胚 young embryo

羊栖菜幼胚是由受精卵经有丝分裂发育成的金黄色球形或卵形的多细胞集合体。它是羊栖菜胚的前体。羊栖菜幼胚呈卵形，分盾圆端和尖圆端。盾圆端发育滞后于尖圆端。盾圆端发育为藻体的主茎，再逐步分化出侧生茎、叶和气囊等器官。尖圆端发育出藻体的丝状假根。在盾圆端和尖圆端之间，具明显的纬向分界线。除上述正常形态的幼胚以外，极少数幼胚呈短柱状或其他不规则形态。幼胚发育期一般为三四天。期间，细胞有丝分裂较慢，胚体沿形态学纵向中轴方向逐渐发育成椭球状。丝状假根生长发育特征明显。

3.8　丝状假根 filamentous rhizoid（pseudo-root）

丝状假根为幼胚尖圆端发育出的多条无色透明的多细胞丝状体，通过盘绕培养基基质上的棉丝或纤维质丝，实现幼胚的固着。伴随幼胚的生长和发育，假根丝状体经细胞全能分化，形成具有器官形态特征和组织结构特征的假根。

3.9　胚 embryo

羊栖菜胚是由幼胚持续发育形成的，呈金黄色，柱状，表皮组织有少量凸起，丝状假根伸长且数量增加。

3.10　幼孢子体 young sporophyte

羊栖菜幼孢子体，即栽培羊栖菜苗种。有性生殖中，自胚胎首见基叶起，至枝状体叶腋间分化出气囊，这一生长发育阶段的羊栖菜为幼孢子体。无性生殖中，自假根分化出枝状体至叶腋间分化出气囊止，这一生长发育阶段的羊栖菜为幼孢子体。羊栖菜幼孢子体期主要包括假根、茎和叶片 3 部分。

有性生殖中，胚发育为幼孢子体的过程简述如下。胚持续生长发育，表面凸起组织发育出 2 片或 3 片基叶，自此，羊栖菜进入幼孢子体生长发育阶段。伴随培养时间的延长，叶原基发育成肉眼可见的小叶片，居间分生组织逐渐分化形成茎、叶片。人工利用羊栖菜有性生殖培育的幼孢子体群体的生长发育不同步，时间自 8 月中旬起，持续至 12 月末。

3.11　孢子体 sporophyte

羊栖菜幼孢子体持续生长发育，在叶腋间逐渐分化出气囊。此时，藻体已具有假根、茎、叶片和气囊，羊栖菜进入孢子体生长发育阶段。孢子体阶段是羊栖菜的营养生长阶段，也是羊栖菜生活史中持续时间（每年的 9 月下旬至次年的 4 月初）最长的生长阶段。孢子体在进行营养生长的同时，进行着无性生殖发育，即假根分化出营养枝。

3.12　成熟孢子体 mature sporophyte

成熟孢子体阶段是羊栖菜生活史中的繁殖发育阶段。自孢子体簇生气囊叶腋间开始萌发生殖托起，羊栖菜进入成熟孢子体生长发育期。成熟孢子体具有完整的假根、茎、叶片（气囊）和生殖托（雌或雄）。同株藻体的分生枝或侧生枝生长发育不同步，表现出“早发育早成熟，晚发育晚成熟”的特征。早发育的分生枝或侧生枝早进入有性生殖，之后凋亡。其他分生枝或侧生枝也经历此过程。最后羊栖菜侧生枝殆尽，仅保留少量假根于培养基上。

3.13　苗绳 rope

苗绳为黑色、绿色、红色或橘黄色，直径为 0.4 cm（短期养殖）或 0.5 cm（长期养殖）的聚乙烯纤维绳。软式浮筏中，苗绳长 3.0 m、3.3 m 或 0.4 cm。蜈蚣架中，苗绳长 4.0 m。苗绳是设置于自然海区用于固着孢子体假根以获得成熟孢子体的固着基。苗绳可年度循环使用，使用前须检查是否存在破损或自然拉长等情况。若存在上述情况，苗绳在夹苗前需进行修补及重新定长。苗绳还须置于自然海水中浸泡，去除上一年度残留的假根干体和泥沙等杂质，消除对新苗种假根生长发育的影响。

3.14 夹苗绳 seedling clip rope

夹苗绳为已经夹带羊栖菜幼孢子体的苗绳。羊栖菜苗种假根和部分茎盘绕于苗绳螺旋结构内。相邻苗种保持一定间距。

3.15 附苗绳 rhizoid-attached rope

附苗绳为附着幼胚或假根的苗绳，幼胚或假根经人工培养可发育成幼孢子体。

3.16 锚 anchor

锚俗称“桩”，为用于固定筏架设施的海底锚定装置，主要由直径 10 ～ 15 cm、长 2.2 ～ 2.5 m 的毛竹作为锚体，附带捆扎直径为 2.0 cm 或 2.24 cm 的聚乙烯纤维绳作为锚缆。

3.17 锚缆 anchor cable

锚缆为用于连接锚和海面标识浮子的连接绳。农业生产常用直径为 2.0 cm 或 2.24 cm 的聚乙烯纤维绳作为锚缆。

3.18 缆绳 mooring rope

缆绳为连接锚缆、构建软式浮筏筏架“口”字形框架主体的连接绳。缆绳是软式浮筏筏架承载拉力的重要结构。农业生产中常用直径 1.6 cm 或 2.0 cm 的聚乙烯纤维绳作为缆绳。

3.19 航道绳 fairway rope

航道绳为“口”字形缆绳框架内侧连接对应两边、呈栅栏形分布且附带吊绳和浮子的连接绳。相邻两条航道绳的间距为 3.3 m、3.6 m 或 4.3 m。农业生产中常用直径 1.4 cm 或 1.6 cm 的聚乙烯纤维绳作为航道绳。

3.20 吊绳 lifting rope

吊绳为直径 0.4 cm 的聚乙烯纤维绳，是航道绳的附属结构。每条航道绳上的吊绳和浮子等距相间排列。每条吊绳具有两个“回”形固定扣。这两个固定扣分别位于航道绳两侧，远端距航道绳 15 ～ 20 cm，用于固定夹苗绳。大规模农业生产中相邻吊绳间距为 1.0 m 或 1.5 m，科研实验田用吊绳间距 2.0 m 或 4.0 m。

3.21 浮子 float

软式浮筏筏架（附图 3-1）可选用长 27 ～ 30 cm、宽 10.5 ～ 11 cm、高 6.0 ～ 6.5 cm 的长

方体泡沫板作为浮子，外周包裹废弃渔网，两端具固定绳，置于相邻两个吊绳中间。蜈蚣架可选用直径为 9.5 cm 的泡沫球作为浮子，置于双绳连挂或三绳连挂连接处，调节夹苗绳浮力。

3.22　架杆 frame pole

架杆是蜈蚣架中用以锁定浮子和夹苗绳而起支撑作用的撑竿，等距、平行地固定于两条缆绳上。用于附苗帘培养的蜈蚣架相邻架杆间距为 2.3 ～ 2.4 m，而用于夹苗绳养殖的蜈蚣架架杆间距为 3.7 ～ 3.8 m（单绳悬挂）、7.1 ～ 7.2 m（双绳连接挂）或 10.4 ～ 10.5 m（三绳连挂）。可选用毛竹、镀锌不锈钢管或耐盐及抗腐蚀性较好的聚乙烯管(DN 200 mm)作为架杆。架杆长度为 8.5 m（附图 3-2）。

3.23　步 step

在软浮筏筏架或蜈蚣架筏架吊绳上，夹苗绳分“步”挂养。密挂养殖期每步挂养 2 ～ 4 条苗绳，步间距 15 ～ 20 cm。疏挂养殖期每步挂养 1 条或 2 条夹苗绳，商品菜步间距 1.5 m 或 3.0 m，种菜步间距 2.0 m 或 4.0 m。

3.24　羊栖菜苗种 seedling of *Sargassum fusiforme*

3.24.1　自然野生苗种

羊栖菜自然野生苗种为低潮带礁石上自然生长的长度为 5 ～ 15 cm 的羊栖菜幼孢子体。自然野生苗种既可用于大规模人工养殖，也可以用于良种纯化、杂交育种等科研工作。羊栖菜自然野生苗种的最佳采集时间为每年的 9 月份至 11 月份。

3.24.2　人工繁育苗种

3.24.2.1　人工利用羊栖菜无性生殖繁育苗种

人工利用羊栖菜无性生殖繁育苗种为人工利用羊栖菜无性生殖习性，将成熟孢子体收获后留下的假根保留于苗绳，经自然海区培育 120 d 左右(每年 5 月初至 8 月末)，获得的由假根经无性生殖分化而成的幼孢子体。

3.24.2.2　人工利用羊栖菜有性生殖繁育苗种

人工利用羊栖菜有性生殖繁育苗种为人工利用羊栖菜有性生殖习性，将集中采集的幼胚均匀喷洒至苗帘，经苗池内短期(5 ～ 7 d)培育和自然海区培育 120 d 左右(每年 5 月中旬至 8 月末)，获得的羊栖菜幼孢子体。

3.25　羊栖菜苗种的培育 seedling cultivation of *Sargassum fusiforme*

3.25.1　人工利用羊栖菜无性生殖繁育苗种的培育

在 5 月份采收期将带有羊栖菜假根的苗绳（直径 0.5 cm）留下，去除侧生枝，于自然海区培养 120 d 左右，取回附苗绳，摘取假根无性生殖发育而成的幼孢子体，夹置于直径

0.4 cm或0.5 cm的聚乙烯纤维绳上，分组挂养于蜈蚣架。至孢子体期，将羊栖菜分挂于附苗绳，此过程同人工利用羊栖菜有性生殖苗种培育分离附苗绳操作。

3.25.2 人工利用羊栖菜有性生殖繁育苗种的培育

羊栖菜幼胚在育苗池内培养7 d后，将附苗帘转置于自然海区养殖。至胚发育成幼孢子体，人工摘取附苗帘上的幼孢子体，夹置于直径0.4 cm的（长3 m或4 m）或直径0.5 cm的苗绳（长度3 m或3.3 m或4 m）上，分步（每步4～6条或8～10条，下同）挂养于蜈蚣架。8月中下旬至10月末期间，摘取附苗帘上的幼孢子体，夹置于直径0.4 cm的苗绳，分步于挂养自然海区。11月初至12月末期间，摘取附苗帘上的幼孢子体，夹置于直径0.5 cm的苗绳。同时，将生长在直径0.4 cm苗绳上的幼孢子体摘下，夹置于直径0.5 cm的苗绳，分步养殖于自然海区。上述苗种培育，可在洞头本地进行，也可以异地（如山东镆铘岛或大连长海县附近海区等地）进行。待幼孢子体进入孢子体生长发育阶段，即可分离挂养附苗绳。根据养殖海区海况的不同，可采用单绳平挂或双绳平挂的挂养方式。

3.26 羊栖菜人工养殖 artificial cultivation of *Sargassum fusiforme*

3.26.1 羊栖菜无性生殖苗种的人工养殖

人工收获羊栖菜成熟孢子体藻体后，挑选假根密植度较好的苗绳，辅以养殖船、运输车和筏架设施等，置于自然海区培养。待水温降至28 ℃以下后，假根通过无性生殖再生出幼孢子体。待幼孢子体长度为5～10 cm时，摘取幼孢子体夹置于直径0.5 cm的聚乙烯纤维绳上。

3.26.2 羊栖菜有性生殖苗种的人工养殖

人工利用羊栖菜雌、雄异株的特征，待孢子体进入成熟繁殖期时，筛选性状优良的雌、雄孢子体，并控制雌、雄孢子体的比例（10∶3～10∶1），辅以场地设施（混凝土培养池、遮阳或防雨架、遮阳布或防雨布和幼孢子体培育海区筏架设施等）、供电设施（电线、变压装置、电源开关等）、供水设施（水泵、输水管线、排水管线等）、培养基（塑料板、玻璃板、竹帘、麻袋片和附苗帘等）和劳动工具等（养殖船、纱绢布袋、塑料水箱、木方或不锈钢管等），进行羊栖菜幼胚收集、清洗除杂、铺洒，幼胚育苗池暂养与管理，幼胚海区培养，幼孢子体人工夹苗与养殖等。

4 羊栖菜有性生殖苗种繁育

4.1 自然海区养殖环境因子

水质符合NY 5052—2001《无公害食品　海水养殖用水水质》标准。

水温为22 ℃～28 ℃。

盐度为 22 ～ 28.5。

pH 为 7.8 ～ 8.3。

光照周期：光暗时间比为 12 h∶12 h ～ 9 h∶15 h。

光照强度为 50 ～ 250 μmol/（m^2•s）。

4.2　羊栖菜育苗设施

4.2.1　育苗池

育苗池主体框架为钢筋混凝土结构，并有排水设施、曝气设施、培养基固定设施、遮阳和防雨设施等。池深 0.5 ～ 1.2 m，单池最佳大小为 11 m×4.5 m。育苗池还可用作种菜暂养池、合子收集池、淡水蓄存池或鱼类繁殖池等。

4.2.2　沙滤池

沙滤池主体框架为钢筋混凝土结构，以四角砖铺地，以 60 目纱绢网为隔层。铺沙厚 80 cm 以上，沙粒粒径为 0.1 ～ 0.3 mm。

4.2.3　蓄水池

蓄水池容量为日用水量的 1 ～ 2 倍。

4.2.4　合子采收池

参照 4.2.1 部分的内容。

4.2.5　苗帘清洗池

参照 4.2.1 部分的内容。

4.2.6　附属设备

附属设备包括供电及控制设备、供气设备、给排水调控设备、环境因子监测设备等。

4.3　种菜

种菜为黄绿色或黑褐色、手感黏滑、茎粗、生殖托发育良好、气囊形态指标（囊尖长度、囊体长度和宽度、囊茎长度）优良的羊栖菜成熟孢子体。不同品系羊栖菜种菜须隔离培养。

4.3.1　种菜鉴别与分类

以羊栖菜成熟孢子体簇生气囊中的“特征”大气囊为分类依据，大样本数测量形态特征，根据主成分聚类模型分析结果，对种菜进行分类。具体操作见第一章第一节。

4.3.2　种菜育苗池暂养

4.3.2.1　环境因子条件

参照 4.1 部分的内容。

4.3.2.2 辅助条件

育苗池蓄水深 25 ～ 30 cm。均匀铺开种菜，辅以曝气或活水喷洒。每隔 3 ～ 3.5 h 翻动种菜 1 次，使种菜均匀接受光照、氧和营养。每天清洗苗池 1 次，及时清理池底沉降的泥沙和脱落的藻体。种菜在育苗池内暂养 5 ～ 7 d。之后种菜可集中释放精、卵，精卵受精。

4.4 羊栖菜幼胚收集与暂存

4.4.1 羊栖菜幼胚收集

将种菜充分清洗后运至宽阔场地铺匀晾晒。将 280 目和 80 目纱绢网袋套装，固定于苗池排水口处。80 目纱绢网为内层，可以去除杂质；280 目纱绢网为外层，用于收集幼胚。缓慢放水，同时搅动池内海水，使得幼胚分散悬浮于海水中。伴随海水的排放，幼胚回收于 280 目纱绢网袋中。

4.4.2 羊栖菜幼胚暂养

将收集后的幼胚迅速置于水箱或水桶中，加入适量海水，辅以曝气。

4.5 羊栖菜幼胚附着方法

4.5.1 羊栖菜幼胚自然附着法

羊栖菜种菜精、卵集中释放后，将种菜转置于水深 25 ～ 30 cm 的育苗池中。育苗池底部铺设有已清洗、消毒、连接好的苗帘。以苗帘面积计，种菜用量标准为 4 ～ 5 kg/m^2（实际用量需根据种菜成熟度调整），雌雄比为 10∶1 ～ 15∶1。种菜转置于育苗池后的 12 h 内翻拨两三次，使幼胚均匀自然沉降于苗帘表面。上述操作在同一育苗池可重复进行，使幼胚附着 2 层或 3 层。这种情况下，种菜用量需提高至 10 ～ 15 kg/m^2，以缩短第 2 次和第 3 次幼胚附着的时间间隔，提高附卵效率。

4.5.2 羊栖菜幼胚均铺法

根据幼胚回收量，定量配制幼胚悬浮液。将事先已经清洗、消毒并连接好的苗帘固定于育苗池底部，注入水深 25 ～ 30 cm 的海水。按每平方厘米苗帘固着 40 ～ 55 个幼胚的标准，进行均匀铺洒，待幼胚自然沉降于附苗帘表面。上述操作在同一育苗池可重复进行 1 次。在上次铺洒幼胚 1 h 后，在底层附苗帘上部再铺一层苗帘，两层苗帘间距为 35 cm 左右。再缓慢注入新鲜过滤海水，使上层苗帘位于水深 25 ～ 30 cm 处（附图 3-3）。

双层附着幼胚操作后，静置培养 2 ～ 3 d。之后清洗附苗帘，置换育苗池内的海水，并将附苗帘倾斜挂放，使附苗帘与育苗池底部保持 60° 夹角并继续培养 5 ～ 6 d。之后转移至自然海区养殖。

4.5.3 附幼胚注意事项

注意，采取双层附幼胚操作时，铺设上层苗帘及注入海水时，均不可扰动池内海水，以免影响幼胚固着和均匀性。

4.6　羊栖菜幼胚和胚阶段的育苗暂养

4.6.1　室内培养环境因子

水质符合 NY 5052—2001《无公害食品　海水养殖用水水质》标准。

温度为 22 ℃～ 25 ℃。

盐度为 22 ～ 28。

pH 为 7.8 ～ 8.3。

光照周期：光暗时间比为 12 h∶12 h ～ 9 h∶15 h。

光照强度：幼胚附着后的 24 h 内，光照强度为 50 ～ 100 μmol/（m^2•s）。24 h 后，光照强度保持在 100 ～ 250 μmol/（m^2•s）。

4.6.2　日常管理

4.6.2.1　注水

幼胚沉降 6 h 后，缓慢、持续地注入新鲜海水，注入速度以不引起育苗池内海水波动为准，保障幼胚发育所需氧气和养分的供给。

4.6.2.2　附苗培养基清洗

幼胚附着 48 h 后，清洗附苗帘，更换育苗池内海水。后每隔 24 h 更换育苗池内海水 1 次。幼胚于育苗池内培养 6 ～ 8 d，然后转至自然海区养殖。

4.7　羊栖菜有性生殖培苗和育苗池暂养的注意事项

4.7.1　育苗池

育种前须仔细检查育苗池是否存在破损或渗漏等情况。若发现上述情况，应及时进行修补。

4.7.2　给排水设施

育种前须仔细检查给排水设施，防止设施破损或老化造成给排水不足或排水口封闭不严造成整池海水快速排干。

4.7.3　沙滤池

育种前须对沙滤池进行充分清洗，提高过滤效果，降低泥沙和悬浮物含量。

4.7.4　羊栖菜种菜的育苗池暂养

育苗池内暂养种菜的密度不宜过大，确保光、氧气和养分的充足供应。若进行良种纯化与推广工作，不同品系种菜须隔离暂养。羊栖菜种菜在育苗池暂养期间，每日须使用新鲜海水清洗两三次，以清除附着物、泥沙和钩虾等。每日清洗育苗池，清除沉降物，防止幼胚表面大量吸附杂物而影响其附着。此外，种菜集中释放精、卵后，仔细观察种菜发育状况。若只有少量种菜释放精、卵，待收集幼胚后，去除已释放过精、卵的种菜，剩余种菜继续暂养。这部分种菜集中释放精、卵后再进行去除。

4.7.5 羊栖菜幼胚收集

人工收集幼胚时，280 目和 80 目纱绢网必须捆扎牢固，防止脱落而造成幼胚大量流失。为杜绝此类事件，须有专人看管排水口和收集口，便于及时发现问题并处理。不同品系种菜的幼胚，须使用专用纱绢网，防止不同品系的幼胚混杂。不同品系种菜的幼胚，须分别置放于不同水箱曝气暂养。

4.7.6 降雨

做好降雨防范措施，防止种菜被雨水浸泡而腐烂凋亡。根据预报的降雨量信息及时调整育苗池供水量和暂养时间。

4.7.7 赤潮

确保蓄水池蓄水充足。若突遇赤潮藻暴发，及时调整育苗池供水、换水及育苗池内培养时间。准确鉴别赤潮藻优势种类（产毒藻或非产毒藻），确保海水水质。

4.8 羊栖菜胚、幼孢子体和孢子体阶段的海区培育及管理

4.8.1 海区条件

须按照所处行政区海洋功能区划有关要求，选定养殖海区。

水流通畅，水质清澈（透明度＞ 30 cm），风浪较小，远离城区污水排放区和淡水注入区，可有效预防东部、南部台风登陆的岙口或港湾，满足上述环境要求的岛屿周边海域为最佳养殖海区。养殖区周围要设立明显安全标志，提醒过往船只避让。

4.8.2 筏架设施

采用蜈蚣架筏架养殖方式，根据附苗帘长度和平挂方式合理布局。蜈蚣架筏架长度以 50 ～ 80 m 为佳（附图 3-4）。

4.8.3 附苗帘的张挂

转移至自然海区的附苗帘平挂于相邻两个架杆之间，着生幼胚面向阳。所处深度初为 10 ～ 15 cm，持续培养 10 ～ 15 d。之后附苗帘再提升至 5 ～ 10 cm 水层。

4.8.4 环境因子监测

田间管理期间，定期监测海水温度、盐度、pH 和光照强度等因子，做好记录，密切关注台风播报信息和敌害生物种群数量变化情况，及时做好极端环境变化的应对措施。

4.8.5 田间管理

4.8.5.1 筏架设施的日常管理

附苗帘置于自然海区挂养后，须定期检查筏架设施，发现破损要及时修补，及时清理滞留竹竿、杂藻、生活垃圾等漂浮物。

4.8.5.2　附苗帘的清洗

附苗帘在自然海区挂养初期(10 ～ 15 d)，须每日察看幼胚发育状况，手工清洗附苗帘表面沉降的泥沙。之后，可利用高压水枪雾状清洗(垂直于附苗帘表面)，高效清除附苗帘表面沉降的泥沙。水枪水压大小以不影响幼胚附着为准。

4.9　敌害生物与防治方法

4.9.1　常见敌害植物与防治方法

对于裂片石莼(*Ulva fasciata*)、浒苔(*Ulva prolifera*)、水云(*Ectocarpus siliculosus*，俗称鼻涕泥)等大型海藻，实施手工摘除。对于日本多管藻(*Melancthamnus japonica*)等敌害藻类，选用浓度为 0.08 g/mL 的柠檬酸溶液浸泡附苗帘 5 ～ 7 min，充分清洗脱酸后，再将附苗帘挂置于筏架。对于细丝刚毛藻(*Cladophora sericea*)，选用浓度为 0.1 g/mL 的硫酸铵溶液浸泡附苗帘 8 ～ 10 min，经充分清洗脱酸后，再将附苗帘挂置于筏架。

4.9.2　常见敌害动物与防治方法

手工摘除附苗面附生的海葵；也可用淡水浸泡附苗帘 25 ～ 30 min，杀死附生的海葵。对于沙蚕(*Alitta succinea*，俗称海蜈蚣)、麦秆虫(Caprellidea，又称竹节虫)、钩虾(gammarid)等敌害动物，可用淡水浸泡附苗帘 10 ～ 15 min，再将附苗帘挂置于筏架。对于纹藤壶，附着于附苗面的采用手工摘除，背侧的利用小刀刮除。对于鲻鱼(*Mugil cephalus*)和篮子鱼类(*Siganus*)的入侵，可采取以下措施：将附苗培养基转移至于水质清澈、水流通畅、富营养化程度较低的外部海区；将筏架降至水深 25 ～ 30 cm 处。加强田间管理，及时清除附着在筏架和基质上的杂藻，防止鱼类侵食。

4.10　海水温度持续偏高的应对措施

水温高于 28 ℃以上视为高温。短期(24 h 以内)高温时，将筏架降至 20 ～ 25 cm。高温持续 24～36 h，将筏架降至 25 ～ 30 cm 水深处，每日 8:00 ～ 16:00，附苗面朝向深水方向；16:00 ～次日 8:00，附苗面向阳。高温持续 36 h 以上，整体转移筏架至湾外、岙外海区或近外海养殖。

4.11　预防台风

4.11.1　下降筏架法

强台风或超强台风来临前，仔细检查筏架锚缆等设施，加固缆绳和附苗帘固定绳，更换破损架杆。根据台风级别大小，适当下降筏架，减少苗种流失或附苗帘丢失的情况。

4.11.2　转移筏架法

强台风或超强台风来临前，及时将筏架装置整体转移至适宜的避风港湾或岙口，固定锚缆，下降筏架。台风过境后，再将筏架设施整体转移至原养殖海区。

4.11.3 置岸暂存法

台风来临前，清洗附苗帘上沉降的泥沙，清除附生的敌害藻类和动物，将附苗帘置于避风、避雨、阴凉处暂存，附苗帘平铺或立体隔离悬挂，每日喷施过滤过的新鲜海水，使幼孢子体保持湿润状态。采用此方法，附苗帘可暂存 3 ～ 4 d。若台风持续时间较长，须及时联系具有室内暂养条件的科研单位协助暂养。

5 羊栖菜无性生殖的苗种繁育

5.1 羊栖菜种菜的选取

在种菜收获期，利用小刀割去藻体，保留假根于苗绳之上。选取假根密度高的苗绳作为无性生殖培养基。

5.2 羊栖菜种菜的挂养筏架与方法

根据培苗量适当选取挂养筏架。培苗量较大的养殖户可采用软式筏架挂养。培苗量较小的养殖户可采用蜈蚣架挂养。挂养方式可采取密挂养殖法(4 ～ 6 条苗绳培养基为 1 步)，步间距保持 15 ～ 20 cm（附图 3-4）。

5.3 养殖海区的选择

人工利用羊栖菜无性生殖繁育苗种可选择在本地海区培苗，也可选择在异地海区培苗。培苗月份尽量选择海水平均温度小于 27 ℃，且海水温度高于 27 ℃的持续时间小于 7 d 的 8 ～ 10 月份。

5.4 田间管理

参照 4.8.5 部分的内容。

5.5 敌害生物与防治方法

参照 4.9 部分的内容。

5.6 海水温度持续偏高的应对措施

参照 4.10 部分的内容。

5.7 预防台风

参照 4.11 部分的内容。

6　野生羊栖菜幼孢子体苗种

6.1　野生羊栖菜幼孢子体的选取

在海水温度小于 25 ℃的月份（10 ～ 12 月），于着生野生羊栖菜幼孢子体的岛屿或岛礁上，选取种群密度较好、藻体长度为 5 ～ 15 cm 的羊栖菜幼孢子体为采挖对象。

6.2　野生羊栖菜幼孢子体的采挖

在天气晴朗、海况适宜的日子，驾船前往选定的岛屿或岛礁，低潮时利用采挖工具进行采挖。

6.3　野生羊栖菜幼孢子体的异地运输与储藏

6.3.1　交通工具、储藏工具和材料

农业生产用野生羊栖菜幼孢子体苗种的运输可采用冷藏车或货运车。储藏工具和材料包括 66 cm×45.5 cm×31 cm 或 55 cm×36.5 cm×34 cm 的聚氨酯泡沫储藏箱、塑料编织袋、塑料封口袋、冰块和胶带等。

6.3.2　冷藏车运输储藏

将冰块装入塑料封口袋中，密封袋口，防止融水外渗。之后将冰块铺满冷藏车箱底部。野生羊栖菜幼孢子体苗种经过滤后的新鲜海水充分清洗，装入塑料编织袋中，捆扎封口，装入冷藏车。根据车厢容积，将适量装有冰块的封口袋分散放置于苗种袋叠层当中，防止因“外冷内热”而造成中部幼孢子体腐烂。全部装填结束后，封门运输。冷藏运输不超过 24 h。

6.3.3　货运车运输储藏

野生羊栖菜幼孢子体苗种经过滤后的新鲜海水充分清洗，装入聚氨酯泡沫储藏箱。于距箱底 1/3 ～ 1/2 处放置装有冰块的封口袋。之后继续装填苗种至满箱。加盖箱盖，使用胶带密封盖口，装入货运车。全部装填结束后，封门运输。运输不超过 30 h。

6.3.4　其他运输储藏

少量种质纯化用良种野生羊栖菜幼孢子体可随人航空托运或高铁运输。预先准备聚氨酯泡沫储藏箱、塑料袋、冰块和胶带等工具。

6.4　注意事项

6.4.1　采挖量

采挖量为自然生长总量的40%～50%，不可影响采挖区羊栖菜种群的自然修复能力。

6.4.2　清洗

野生羊栖菜幼孢子体苗种运输至海岸，使用高压水枪喷施过滤后的新鲜海水，清除藻

体表面附着的泥沙和小型生物。

6.4.3 除杂

手工摘除附生的敌害海藻和固着性动物，谨防它们混杂于野生羊栖菜幼孢子体苗种中腐败，进而造成苗种大量腐烂。

6.4.4 冰袋

装有冰块的封口袋的袋口务必密封，防止冰块融化后淡水渗出，浸泡羊栖菜幼孢子体，导致藻体死亡。

6.4.5 运输管理

冷藏运输车辆：临行前与行驶途中详细检查空调、箱体和箱门等车况。货运运输车辆：临行前与行驶途中详细检查聚氨酯泡沫储藏箱摆放和箱口密封等情况。做到及时发现问题，及时处理问题。

6.4.6 夹苗种接收

若傍晚收到苗种，不可直接开箱，使苗种迅速暴露于空气或使用过滤海水直接进行清洗。该错误操作会使环境温度和藻体温度发生剧变，给苗种造成生理伤害，导致苗种后续大量腐烂。正确做法如下：傍晚接收苗种后，将装有苗种的聚氨酯泡沫储藏箱置于夹苗场地，让箱内温度缓慢回升。第二天上午可进行开箱、清洗和夹苗，并迅速挂养至自然海区。若早上接收苗种，可直接开箱进行清洗和夹苗，并迅速挂养至自然海区。

7 羊栖菜幼孢子体的夹苗、田间管理、病虫害防治和注意事项

7.1 羊栖菜无性生殖幼孢子体的夹苗

7.1.1 培养时间

羊栖菜假根经人工培养 120 d 左右，可发育成 5 ～ 7 cm 长的幼孢子体。

7.1.2 除杂

手工清除羊栖菜幼孢子体叶片上的裂片石莼、浒苔和日本多管藻等大型藻类。利用小刀刮除附生于培养基背面的纹藤壶和海葵等固着性动物。

7.1.3 采摘

采摘附苗绳上 5 ～ 7 cm 长的幼孢子体，使幼孢子体附带假根。

7.1.4 夹苗

将幼孢子体夹至直径为 0.4 cm，长 3.0 m、3.3 m 或 4.0 m 的聚乙烯纤维苗绳上。苗间

距 2.0 ～ 3.0 cm。

7.1.5　细苗绳夹苗暂养

以每 4 条或 6 条直径为 0.4 cm 夹苗绳为 1 步，两端捆扎后挂养于自然海区。

7.1.6　导苗

待海水温度降至 25 ℃或更低时，摘取直径为 0.4 cm 夹苗绳上的幼孢子体，夹至直径为 0. 5 cm 的聚乙烯纤维苗绳上。苗间距 8 ～ 10 cm。

7.1.7　粗苗绳夹苗养殖

以 4 ～ 6 条直径为 0.5 cm 的夹苗绳为 1 步，捆扎后置于自然海区挂养。步间距为 25 ～ 30 cm。

7.1.8　循环操作

留下的 5 cm 以下羊栖菜幼孢子体经 25 ～ 30 d 的培养，可发育为 7 ～ 10 cm 长的幼孢子体，此时可重复上述夹苗操作。本项操作可进行 3 ～ 4 次。

7.2　羊栖菜有性生殖幼孢子体的夹苗

7.2.1　培养时间

羊栖菜胚在自然海区人工养殖 120 d 左右，可发育成 5 ～ 7 cm 长的幼孢子体。

7.2.2　除杂

手工清除羊栖菜幼孢子体叶片上的裂片石莼、浒苔和日本多管藻等大型藻类。利用小刀刮除附生培养基背面的纹藤壶和海葵等固着性动物。

7.2.3　采摘

人工采摘藻体长度不小于 5 cm 的幼孢子体。将着生有不足 5 cm 长的幼孢子体藻体的培养基再置于自然海区继续养殖。

7.2.4　夹苗

将幼孢子体夹至直径为 0.4 cm，长 3.0 m 或 3.3 m 或 4.0 m 的苗绳上。苗间距 2.0 ～ 3.0 cm。

7.2.5　细苗绳夹苗暂养

以 4 条或 6 条直径为 0.4 cm 的夹苗绳为 1 步，捆扎后置于自然海区挂养。步间距为 25 ～ 30 cm。

7.2.6　导苗

待海水温度降至 25 ℃或更低时，摘取直径为 0.4 cm 夹苗绳上的幼孢子体，夹至直径为 0.5 cm 的聚乙烯纤维苗绳上。苗间距 8 ～ 10 cm。

7.2.7 粗苗绳夹苗养殖

以4～6条直径为0.5 cm的夹苗绳为1步，捆扎后置于自然海区挂养。步间距为25～30 cm。

7.2.8 循环操作

留下的5 cm以下羊栖菜幼孢子体经25～30 d的培养，可发育为7～10 cm长的幼孢子体，此时可重复上述夹苗操作。本项操作可进行3～4次。

7.3 野生羊栖菜幼孢子体的夹苗

7.3.1 清洗

用清澈海水充分清洗野生羊栖菜幼孢子体。

7.3.2 夹苗

将野生羊栖菜幼孢子体夹置于直径为0.5 cm的聚乙烯纤维苗绳(长度3.0 m、3.3 m或4.0 m)上。苗间距8～10 cm。

7.3.3 粗苗绳夹苗养殖

参照7.1.8部分的内容。

7.4 羊栖菜幼孢子体田间管理

参照4.8.5部分的内容。

7.5 羊栖菜幼孢子体期的敌害生物防治与防治方法

参照4.9部分的内容。

7.6 羊栖菜幼孢子体的夹苗、田间管理、病虫害防治有关注意事项

7.6.1 培养基除杂

培养基除杂操作参照7.1.2部分内容，防止羊栖菜幼孢子体因附生敌害藻类过量而无法正常生长发育；防止寄生性藻类过量而引起藻体营养过度流失；防止附生敌害动物过量而引起培养基重量增加、下沉，进而影响藻体正常生长发育。

7.6.2 幼孢子体的采摘

尽量保证藻体完整，尽量不要伤及假根和侧生枝尖部，以利于幼孢子体假根固着于苗绳，降低幼孢子体的自然流失量，利于侧生枝伸长生长。

7.6.3 缺失假根幼孢子体的夹苗

夹苗时将羊栖菜盘紧苗绳，可有效降低自然海区养殖期间羊栖菜幼孢子体的流失量。

7.6.4　幼孢子体夹苗的个体分布

将藻体长度为 5 cm 左右的幼孢子体夹置于苗绳近端部，将较长的幼孢子体夹置于苗绳中部和近中部，为藻体群体生长发育创建生态分布环境。

7.6.5　夹苗绳幼孢子体的补苗

若个别夹苗绳上的幼孢子体自然流失过多，应及时进行补苗。

7.6.6　羊栖菜不同品系幼孢子体的隔离养殖

羊栖菜不同品系幼孢子体夹绳后，需隔离挂养，并做有效标记，防止品系间自然漂移混杂，影响品系纯度。

8　羊栖菜孢子体和成熟孢子体的养殖

8.1　羊栖菜商品菜孢子体的养殖

8.1.1　筏架与布局

软式浮筏标准台架长 100 m，宽 80 ～ 100 m，间距 20 ～ 50 m（附图 3-1）。蜈蚣架长 100 m，宽 8.5 m，间距 10 ～ 15 m（附图 3-2）。

8.1.2　航道宽

软式浮筏航道宽 3 m、3.3 m 或 4 m。蜈蚣架航道宽 1 ～ 1.5 m。

8.1.3　夹苗绳间距

商品菜养殖夹苗绳间距为 1.5 m 或 2 m，种菜养殖夹苗绳间距为 2 m 或 4 m。

8.1.4　浮子

软式浮筏浮子固定于相邻两条挂绳中间，间距 1.5 m。蜈蚣架单条夹苗绳平挂可不用置放浮子；2 条或 3 条夹苗绳连接挂养时，夹苗绳连接处置放球形浮子以调节所处水深。

8.1.5　软式筏架构建注意事项

8.1.5.1　定角浮子锚的布局

先保证牵拉浮筏 4 条浮绠的定角浮子锚在浮绠垂直线上，再根据浮绠确定的四边形对角线确定对角方位锚位置。锁定 4 个定角浮子，在单个定角浮子所连接的 3 条浮绠形成的 2 个夹角中线增定 2 个锚，尽量使锚缆与锚缆夹角为 22.5°，以此保证筏架整体受力均匀。切莫使用单一锚锁定定角浮子，否则若遇拔锚事件，浮筏整体及挂养的羊栖菜将遭受严重损失，甚至绝产。

8.1.5.2　浮绠固定锚的布局

浮绠固定锚主要起稳定软式浮筏主体结构的作用。以 100 m×100 m 浮筏为例，每条浮绠最好匹配18个浮绠固定锚，锚间距5.5 m左右，以此锁定四边形框架。

8.1.5.3 锚缆的长度与水深

锚缆的预留长度以筏架选定区大潮高潮带水深的3倍为宜，即锚缆长度：大潮高潮带深≈3∶1。

8.1.6 软式浮筏筏架在农业生产中应用的优缺点

8.1.6.1 优点

软式浮筏筏架适宜于远岸海域羊栖菜大规模养殖，构建初期投入成本高于蜈蚣架，但可多年循环使用，后期维护成本较低。

8.1.6.2 缺点

软式浮筏筏架单位养殖面积的平均产量低于蜈蚣架筏架平均产量，其主要原因在于软式筏架应对海况变化的“沉浮性”比蜈蚣架弱，易造成苗种流失或成藻侧枝折断流失等现象。

8.1.7 蜈蚣架筏架构建注意事项

8.1.7.1 定角浮子锚的布局

参照3.13至3.23部分的内容。

8.1.7.2 缆绳与架杆的连接

缆绳与架杆可采用“马蹄扣”的方式连接与定距。在实际生产过程中，架杆与架杆间距可适时调整，确保挂养培养基浮于海水表面。

8.1.7.3 架杆的选用与吊绳固定

蜈蚣架可选用毛竹、镀锌不锈钢管或聚乙烯管材（DN 200 mm）作为架杆，根据筏架挂养培养基的用途，合理布置吊绳。吊绳绑定架杆后，再用纤维质细线锁定其位置，确保在海区养殖期间吊绳位置不会因着力不均而发生变化。

8.1.7.4 蜈蚣架与定角浮子的连接

蜈蚣架两端须预留一定长度的浮绠，用于锁定定角浮子锚缆，利于筏架整体搬运和转移。

8.1.8 蜈蚣架筏架在农业生产中应用的优缺点

8.1.8.1 优点

蜈蚣架筏架适宜于近岸海域羊栖菜大规模养殖，采用毛竹为架杆的筏架构建成本较低，但后续每年需要更换新毛竹，累计成本较高。采用镀锌不锈钢管或聚乙烯管材作为架杆的蜈蚣架的构建成本要高于软式浮筏筏架。

8.1.8.2 缺点

蜈蚣架筏架架杆运输不便，日常保管占用较多场地。

8.2 羊栖菜种菜孢子体和成熟孢子体的养殖

8.2.1 筏架与布局

参照 8.1.1 部分的内容。

8.2.2 航道宽

参照 8.1.2 部分的内容。

8.2.3 夹苗绳间距

计划于下一年度进行有性生殖或无性生殖培苗的种菜，分绳挂养。步间距尽量保持 2 m 或 4 m。

8.2.4 浮子

浮子固定于相邻两个挂绳中间，间距 2.0 m。

8.3 环境因子

水温为 8 ℃～ 22 ℃。

pH 为 7.8 ～ 8.3。

盐度为 30 ～ 33。

8.4 羊栖菜孢子体阶段的主要生物学特征

藻体长 20 ～ 30 cm，呈现典型孢子体形态特征。假根已牢牢固着于直径为 0.5 cm 的苗绳上。

8.5 夹苗绳悬挂方法

8.5.1 风浪较小海区

在风浪较小的海区采取单绳平挂的方式，即单条夹苗绳两端分别悬挂于相邻航道绳对应吊绳上。

8.5.2 风浪较大海区

在风浪较大的海区采取双绳平挂的方式，即以两条夹苗绳为一步，两端分别挂于相邻航道绳对应吊绳上。

8.5.3 夹苗绳科学挂养

养殖面积 50 海亩以上的养殖户，可规划 1/3 养殖面积采取每两步夹苗绳空留一步的方法进行分苗，以保证海水流动通畅，羊栖菜孢子体具有充足的生长空间，得以均匀地接受光照。该方法挂养的羊栖菜适宜于收获后期采收，可有效防止养殖密度过高、光照不充足、水流不畅及降雨过多而引起羊栖菜腐烂。为了保证羊栖菜种菜健康生长发育，种菜夹苗绳采取双绳平挂，步间距 4.0 m。

8.6 羊栖菜孢子体养殖的田间管理

参照 4.8.5 部分的内容。

8.7 羊栖菜孢子体养殖期的敌害生物与防治方法

参照 4.9 部分的内容。

8.8 羊栖菜孢子体和成熟孢子体期养殖的注意事项

参照 7.6 部分的内容。

8.8.1 软式浮筏筏架

软式浮筏标准筏架规格为 100 m×100 m。笼架大小尽量不要超过 120 m×100 m，以免异常海况突发，筏架着力过大，引起拔锚，造成整台筏架丢失。

8.8.2 羊栖菜孢子体或成熟孢子体的异地运输

羊栖菜孢子体和成熟孢子体附带夹苗绳异地运输，应采取清淤、清杂、保持低温和保湿措施，避免高温或过度脱水而引起羊栖菜腐烂。

8.8.3 羊栖菜孢子体自然过量流失后的补苗

直径 0.5 cm 聚乙烯纤维苗绳上的孢子体养殖过程中若有明显流失，应及时补苗，确保单条苗绳平均产量。

8.8.4 分绳天气与海况

选择天气晴朗、海况适宜的时间分绳，利于筏架设施的平整加固和操作人员的安全。

8.8.5 羊栖菜不同品系的隔离挂养

羊栖菜不同品系苗种须隔离挂养，避免品系混杂而影响品质。

9 羊栖菜成熟藻体的采收和晾晒

9.1 工具

9.1.1 海上采收和运输工具

基本工具包括养殖船和运输船，养殖户可根据日采收量确定船只数量。

9.1.2 海陆转运和陆上运输工具

基本转运工具为起吊机，运输工具为运输车辆。养殖户可根据日采收量确定运输车辆数量。

9.1.3 晾晒工具

晾晒工具主要包括尼龙网片、手推车、箩筐和小刀等。

9.2　采收环境因子

9.2.1　海况

在海水清澈、水流平缓、风浪较小的状况下进行羊栖菜成熟藻体的采收。

9.2.2　天气

选择连续 2 ～ 3 d 均为晴朗天气的日子进行羊栖菜成熟藻体的采收。

9.2.3　水温

自然海水温度上升至 20 ℃后，预示着羊栖菜成熟藻体已进入最佳采收期。

9.3　羊栖菜成熟藻体的晾晒

9.3.1　晾晒场地

采收前确定晾晒场地。适用于羊栖菜成熟孢子体晾晒的场地包括水泥质路面、广场或近岸地形平缓的礁石等。

9.3.2　晾晒操作

将羊栖菜成熟藻体运至宽阔场地后，根据场地面积，人工借助手推车或箩筐等工具分散搬运，均匀堆放。根据日晾晒量确定晾晒人数。每 4 人一组协作晾晒，其中 2 人摘取或用小刀割取固着在苗绳上的成熟孢子体，另 2 人将成熟孢子体均匀分散开，分散密度以通光透气为标准。晾晒时间通常为 36 ～ 48 h。期间若遇少量降雨，可适当调整晾晒时间。

9.3.3　乡村公路晾晒

羊栖菜成熟藻体运至晾晒路段后，沿着公路（水泥质地）一侧，均匀分散卸载。晾晒操作同 9.3.2 部分的内容。

9.3.4　少量羊栖菜成熟藻体的晾晒

羊栖菜成熟藻体运至码头后，可借助周边石貌地形就近晾晒。晾晒方法同 9.3.2 部分的内容。

9.3.5　羊栖菜成熟藻体干品的储存

用于商品销售的成熟藻体晾干至恒重后，可分装至塑料编织袋中，置于干燥阴凉处暂存。晴朗天气时，做好通风透光处理，防止吸潮发霉。装袋后也可直接销售给加工企业。科研实验用成熟藻体，可采用封口袋装，利于长期保存。

9.4　注意事项

9.4.1　采收海水温度

季节性水温上升至 22 ℃后，羊栖菜进入快速成熟期，生殖托快速生长发育，簇生气囊大量脱落；而水温为 10℃～ 22 ℃时是藻体的快速生长期。因此，养殖户可根据海水温度恰当掌握收获时间。采收早了，影响单位产量；采收晚了，因气囊大量流失和硅藻大量固着而影响品质。

9.4.2 晾晒厚度

自然晾晒羊栖菜成熟藻体时，不宜叠放过厚，保证干度均匀。

9.4.3 晾晒场地

若借助水泥质地乡村公路晾晒，应提前向所辖行政单位交通主管部门递交申请，征得暂用许可。晾晒面积适宜，不影响正常车辆通行。须提前做好禁行标识，提醒过往车辆避让。绝对禁止在沥青路面晾晒羊栖菜，防治挥发性化学物质的污染。

9.4.4 隔离晾晒

羊栖菜各品系须单独晾晒、单独装袋和保存等，确保品系的优良品质。

9.4.5 天气与防范措施

羊栖菜成熟藻体晾晒前，及时收听地方天气预报。不要在连续降雨或间歇性降雨天气下晾晒。为了应对突发性少量降雨情况，应提前做好防雨、暂存场地清理等事宜。

参考文献

[1] 国家技术监督局. 国际单位制及其应用：GB 3100—1993[S/OL].（1993-12-27）[2012-12-13]. http://www.doc88.com/p-908977127408.html.

[2] 国家技术监督局. 有关量、单位和符号的一般原则：GB 3101—1993[S/OL].（1993-12-27）[2021-03-04]. https://wenku.baidu.com/view/eee4be6af724ccbff121dd36a32d7375a517c698.html.

[3] 中华人民共和国国家质量监督检验检疫总局，中国国家标准化管理委员会. 标点符号用法：GB/T 15834—2011[S/OL].（2011-12-30）[2012-12-01]. http://www.moe.gov.cn/jyb_sjzl/ziliao/A19/201001/t20100115_75611.html.

[4] 国家质量技术监督局. 技术制图　图样画法　视图：GB/T 17451—1998[S/OL].（1998-08-12）[2017-05-18]. https://max.book118.com/html/2017/0507/105054793.shtm.

[5] 中华人民共和国农业部. 无公害食品　海水养殖用水水质：NY 5052—2001[S/OL].（2001-09-03）[2016-01-07]. https://www.taodocs.com/p-31106618.html.

[6] 全国人民代表大会常务委员会. 中华人民共和国渔业法（2013 修订版）[EB/OL].（2013-12-28）[2018-03-30]. http://www.moa.gov.cn/gk/zcfg/fl/201803/t20180330_6139436.htm.

[7] 中华人民共和国农业部. 水产养殖质量安全管理规定（中华人民共和国农业部令　第 31 号）[EB/OL].（2003-07-24）. http://www.gov.cn/gongbao/content/2004/content_62952.htm.

[8] 国务院. 国务院关于浙江省海洋功能区划（2011—2020 年）的批复（国函〔2012〕163 号）[EB/OL].（2012-10-10）[2012-10-16]. http://www.gov.cn/zhengce/content/2012-10/16/content_2543.htm.

[9] 浙江省发展和改革委员会，浙江省海洋与渔业局. 省发展改革委、省海洋与渔业局关于印发浙江省海洋资源保护与利用“十三五”规划的通知（浙发改规划〔2016〕503 号）[EB/OL].（2016-08-23）

[2016-09-18]. http://fzggw.zj.gov.cn/art/2016/9/18/art_1599544_30219027.html.

[10] 温州市海洋与渔业局. 温州市海洋功能区划(2013—2020年)(温政〔2016〕42号)[EB/OL]. (2017-05-01)[2018-09-07]. http://www.wenzhou.gov.cn/art/2018/9/7/art_1219308_20950047.html.

[11] 国务院. 国务院关于同意宁波、温州高新技术产业开发区建设国家自主创新示范区的批复(国函〔2018〕13号)[EB/OL]. (2018-02-01)[2018-02-11]. http://www.gov.cn/zhengce/content/2018-02/11/content_5265936.htm.

[12] 国家发展改革委, 自然资源部. 关于建设海洋经济发展示范区的通知(发改地区〔2018〕1712号)[S/OL]. (2018-11-23)[2018-11-23]. https://zfxxgk.ndrc.gov.cn/web/iteminfo.jsp?id=15955.

[13] 温州市洞头区人民政府办公室. 温州市洞头区人民政府关于印发《加快推进羊栖菜产业发展工作方案》的通知(洞政办发〔2019〕41号)[EB/OL]. (2019-08-13)[2019-08-14]. http://www.dongtou.gov.cn/art/2019/8/14/art_1254247_36907342.html.

附图

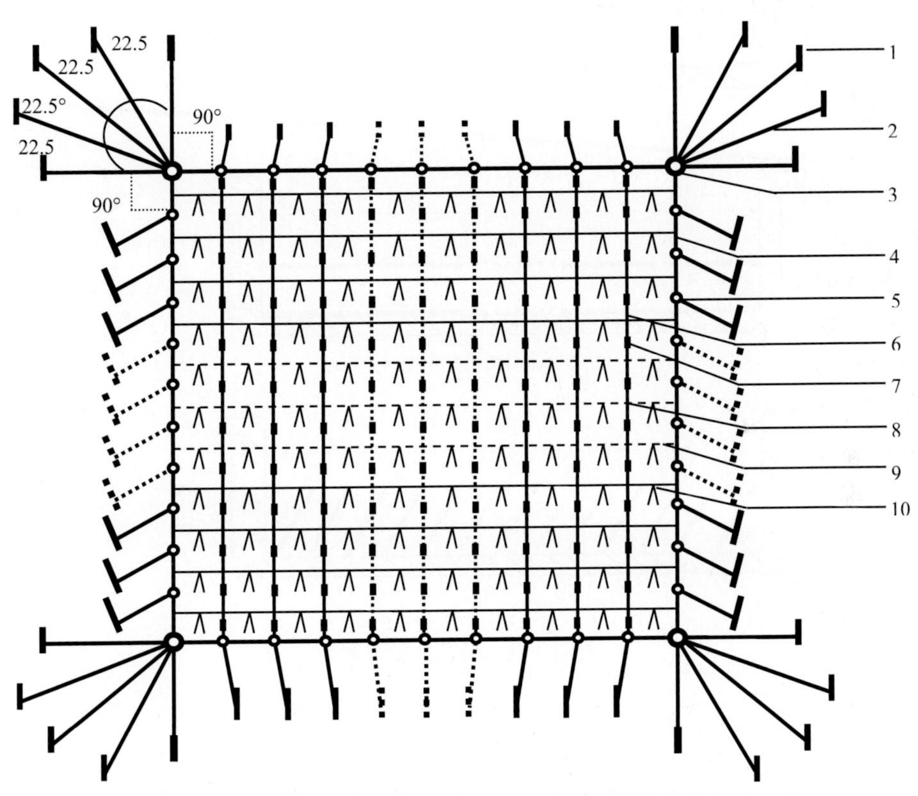

1. 锚; 2. 锚缆; 3. 定角主浮子; 4. 浮绠; 5. 浮绠浮子; 6. 航道绳;
7. 航道绳浮子; 8. 吊绳; 9. 夹苗绳; 10. 羊栖菜苗种。

附图 3-1 软式浮筏筏架结构示意图

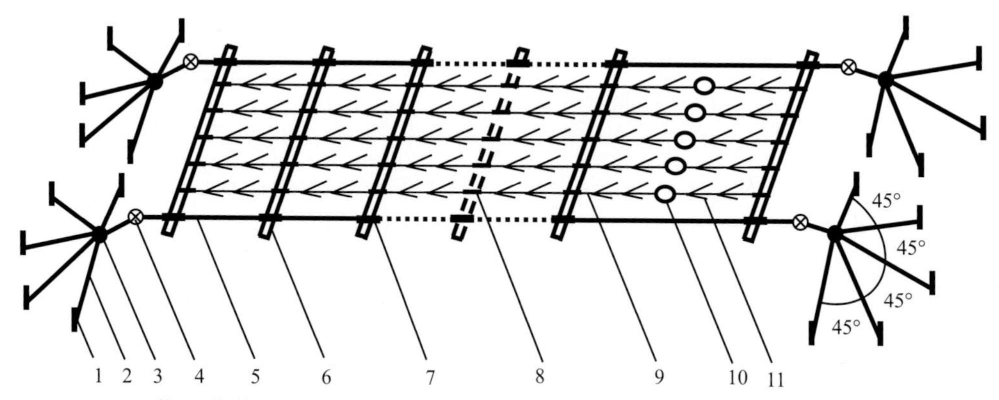

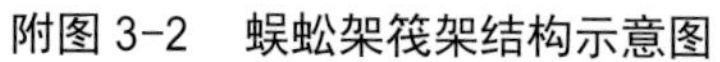
1. 锚；2. 锚缆；3. 定角主浮子；4. 浮绠连接点；5. 浮绠；6. 架杆；7. 浮绠、架杆连接点；8. 吊绳；9. 夹苗绳；10. 球形浮子（双苗绳连接或三苗绳连接点）；11. 羊栖菜苗种。

附图 3-2　蜈蚣架筏架结构示意图

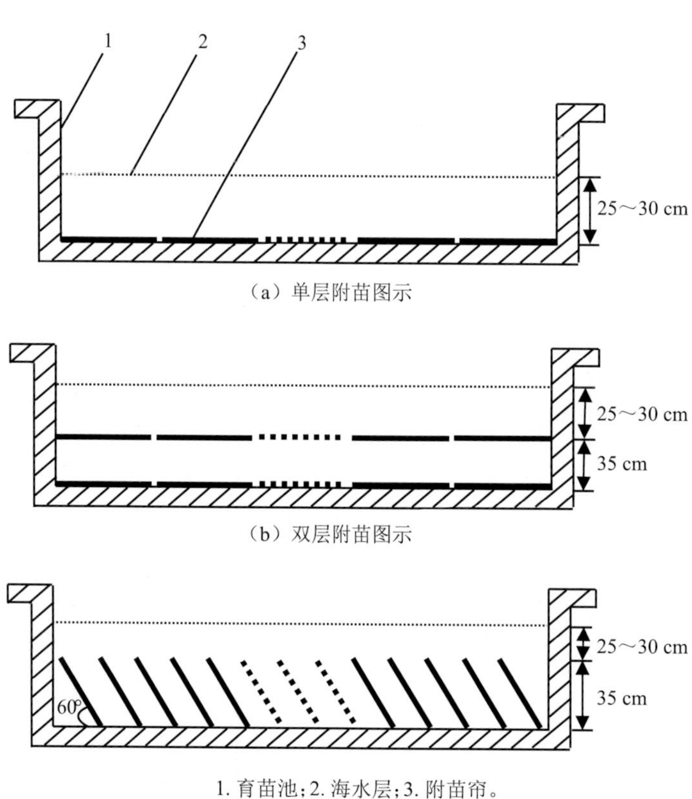

（a）单层附苗图示

（b）双层附苗图示

1. 育苗池；2. 海水层；3. 附苗帘。

附图 3-3　育苗池管理图示

附图 3-4　羊栖菜人工繁育与养殖生产阶段

羊栖菜幼孢子体栽培的单位质量评价及差异比较标准

Standard of unit mass evaluation and difference comparison for young sporophyte of *Sargassum fusiforme*

前　言

本标准根据GB/T 1.1—2009《标准化工作导则　第1部分：标准的结构和编写》、GB/T 20000—2014《标准化工作指南》和GB/T 20001—2017《标准编写规则》国家标准要求编写。

本标准由××××××单位提出。

请注意本标准的某些内容可能涉及专利，本标准的发布机构不承担识别这些专利的责任。

本标准起草单位：××××××、××××××。

本标准主要起草人：×××、×××。

本标准为首次发布。

引　言

根据国家标准化工作要求，基于经多年的羊栖菜不同品系幼孢子体栽培单位质量评价及差异比较研究与实践，在充分咨询研科研院所专业技术人员及羊栖菜产品加工企业技术主管人员的基础上，编写了《羊栖菜幼孢子体栽培的单位质量评价及差异比较标准》。

为适应我国产业标准化工作发展的要求，助力温州市国家自主创新示范区建设［《国务院关于同意宁波、温州高新技术产业开发区建设国家自主创新示范区的批复》（国函〔2018〕13号）］，加快羊栖菜产业健康发展［《温州市洞头区人民政府关于印发〈加快推进羊栖菜产业发展工作方案〉的通知》（洞政办发〔2019〕41号）］，亟须编写和实施本标准，更好地发挥本标准在羊栖菜品系差异评价及幼孢子体单位夹苗量、苗种利用率和养殖生产效益计算等方面的实践指导作用。

人工利用羊栖菜有性生殖繁育幼孢子体的技术具有高效率、规模化、单位产量高等优势，现已成为我国羊栖菜栽培用苗种的主要生产技术。此技术中幼孢子体为受精卵生长发育而来，培养基为苗帘。附苗帘上60%～80%幼孢子体长度大于4 cm的培苗期约90天（以温州地区为例，为每年5月20日至8月20日）。不同品系（传统品系、纯化型品系、野生型品系）及同品系羊栖菜幼孢子体群体的发育均表现出不同步性，主要包括快速发育型（经过四五个月的繁育期藻体长不小于17 cm）、中速发育型（经过四五个月的繁育期藻体长为8～11 cm）、缓慢发育型（经过四五个月的繁育期藻体长为5～7 cm）和极缓慢发育型（经过四五个月的繁育期藻体长不超过5 cm）等类型，且不同体长幼孢子体群体的鲜重、干重和干鲜质量比均不相同。在时间、地点、养殖海区、有性生殖期、培养基质、幼胚附着单位质量、室内培苗环境因子及苗种培育海区等均相同的条件下，纯化型和野生型不同品系羊栖菜幼孢子体栽培的单位质量均有显著差异。实践表明，3.3 m单绳夹苗35株，1 000 m夹苗绳为1海亩，1海亩茎粗叶茂表型特征的羊栖菜幼孢子体品系种苗平均用量为50.57 kg，茎细叶少表型特征羊栖菜幼孢子体品系种苗平均用量仅为16.95 kg。因此，建立羊栖菜幼孢子体栽培的单位质量评价及差异比较标准，可根据羊栖菜养殖规划，精准计算育种量、采苗量及夹苗量，提高生产效率。

本标准以撰写规范化要求为基础，重点突出所设置的评价指标的客观性、规范性和系统性，为羊栖菜幼孢子体栽培的单位质量评价、纯化型不同品系羊栖菜幼孢子体栽培的单位质量差异比较、野生型不同品系羊栖菜的遗传稳定性评价等方面提供了坚实的技术支撑。

1　范围

本标准规定了羊栖菜有性生殖幼孢子体的继代培育，野生型不同品系羊栖菜幼孢子体的采集、纯化养殖、有性生殖幼孢子体培育，羊栖菜幼孢子体长度的评价指标选择及鲜重和干重测量、干鲜质量比计算，羊栖菜幼孢子体栽培的单位质量计算，不同品系羊栖菜幼孢子体的单位质量差异比较等方面的内容，并附图进行更直观的解说。

本标准适用于羊栖菜幼孢子体栽培阶段的单位质量评价及差异比较。

2　规范性引用文件

下列文件是本文件应用的支撑。凡标注日期的引用文件，仅所注日期的版本适用于本文件。未标注日期的文件，其更新版本（包括修改单）均适用于本文件。

GB 3100—1993　国际单位制及其应用（ISO 1000）

GB 3101—1993　有关量、单位和符号的一般原则（ISO 31-0）

GB/T 15834—2011　标点符号用法

GB/T 17451—1998　技术制图　图样画法　视图

NY 5052—2001　无公害食品　海水养殖用水水质

《中华人民共和国渔业法》（2013 修正版）

《水产养殖质量安全管理规定》［中华人民共和国农业部令　第 31 号（2003）］

《浙江省海洋功能区划（2011—2020 年）的批复》（国函〔2012〕163 号）

《国务院关于浙江省海洋资源保护与利用“十三五”规划》（浙发改规划〔2016〕503 号）

《温州市海洋功能区划（2013—2020 年）》（温政〔2016〕42 号）

《国务院关于同意宁波、温州高新技术产业开发区建设国家自主创新示范区的批复》（国函〔2018〕13 号）

《关于建设海洋经济发展示范区的通知》（发改地区〔2018〕1712 号）

《温州市洞头区人民政府办公室关于印发〈加快推进羊栖菜产业发展工作方案〉的通知》（洞政办发〔2019〕41 号）

3　术语与定义

3.1　幼孢子体 young sporophyte of *Sargassum fusiforme*

羊栖菜幼孢子体，即栽培羊栖菜苗种。有性生殖中，自胚胎首见基叶起，至枝状体叶腋间分化出气囊，这一生长发育阶段的羊栖菜为幼孢子体。无性生殖中，自假根分化出枝状体至叶腋间分化出气囊止，这一生长发育阶段的羊栖菜为孢子体。羊栖菜幼孢子体期主要包括假根、茎和叶片 3 部分。

3.2　栽培 cultivation

栽培指种植、养护等保障羊栖菜正常生长发育的农业生产过程。

3.3　单位质量 unit mass

单位质量指定量（株数）栽培 1 海亩（1 000 m 夹苗绳计）羊栖菜幼孢子体的平均鲜藻重量。

3.4　差异比较 difference comparison

差异比较指不同品系羊栖菜幼孢子体定量栽培 1 海亩，平均鲜藻重量之间的差异显著性分析。

4　基本条件

4.1　培苗资质

羊栖菜良种培育单位应具备规范化苗种培育海区、苗种培育船只、完备的筏架设施、熟练的技术人员以及成熟的培苗技术等。

4.2　海水水质

羊栖菜良种培育海区海水水质应符合 NY 5052—2001《无公害食品　海水养殖用水水质》标准，正常海水盐度为 28 ～ 33，pH 为 7.8 ～ 8.3。

4.3　培苗人员与生产安全

培苗人员须身体健康、无重大疾病或传染病。育种海区须远离严重污染源和城市污水排放区。筏架设施无安全隐患。培苗船只必须经国家海事管理机构认可的船舶检验机构检验合格，救生装备齐全。

4.4　生产设施

羊栖菜良种培育单位应具备苗帘、平挂培养蜈蚣架、培苗船只、高压喷水枪，以及维修设备、水质监测设备、盐度监测设备等。

5　羊栖菜幼孢子体栽培的单位质量评价及差异比较技术流程

5.1　羊栖菜有性生殖幼孢子体的继代培育

以第一章《羊栖菜品系鉴别和分类技术标准》和《羊栖菜优良纯化型品系和野生型品系有性生殖杂交育种技术标准》所述内容为基础，实施传统型、纯化型和野生型单品系羊栖菜有性生殖苗种的繁育，以此获得羊栖菜不同品系的幼孢子体。

5.2　人工养殖羊栖菜有性生殖幼孢子体的选取和夹苗

附苗帘上 60%～ 80% 的幼孢子体长度达 4 cm 以上才符合夹苗条件。将长度在 4 cm 以上的幼孢子体夹至直径为 0.5 cm 的聚乙烯纤维绳上进行养殖（栽培期），长度小于 4 cm 的幼孢子体继续培养。每片附苗帘循环采苗 3 ～ 5 次。上述羊栖菜幼孢子体栽培每年度可循环操作，采摘的羊栖菜幼孢子体用于单位质量评价及差异比较。

5.3 野生型不同品系羊栖菜幼孢子体的采集、纯化养殖、有性生殖幼孢子体培育

本标准适宜于纬度分布差异明显的不同品系野生型羊栖菜幼孢子体栽培的单位质量差异比较，如高纬度辽宁省或山东省、中纬度浙江省或福建省和低纬度广东省或海南省的野生型羊栖菜的纯化型子代间的比较。设定浙江省或福建省为不同品系野生型羊栖菜的纯化养殖地。各品系羊栖菜均采用软式筏架平挂养殖。不同羊栖菜品系实施生态隔离养殖，防止自然杂交。

5.4 羊栖菜幼孢子体长度评价指标的选择及鲜重测量、干重测量、干鲜质量比计算

附苗帘上羊栖菜幼孢子体生长发育不同步，其中 17～20 cm 长的(x_1)占 15%～20%，8～11 cm 长的(x_2)占 25%～30%，4～7 cm 长的(x_3)占 15%～20%，4 cm 以下长度的占 20% ～25%，7 ～ 8 cm、11 ～ 17 cm 所占比例少。

选取不短于 4 cm 的幼孢子体样本不少于 30 株，测量每株样本的长度和鲜重。将样本置于 105 ℃杀青 20～25 min，再置于 45 ℃烘干至恒重，测量每株样本的干重。计算样本长度、鲜重、干重及干鲜质量比的平均值(附图 3-5 至附图 3-22)。

5.5 羊栖菜幼孢子体栽培的单位质量计算

本标准以 1 海亩为面积计量单位。1 海亩夹苗绳总长 1 000 m，单条夹苗绳长 3.3 m，单绳夹苗量为 22 株(种菜)或 38 株(商品菜)，单品系羊栖菜幼孢子体栽培单位质量的计算公式如下：1 海亩栽培单位质量＝单株质量 × 单绳夹苗数 ×（1 000/3.3)，计算单品系羊栖菜幼孢子体栽培单位质量。

5.6 羊栖菜幼孢子体的单位质量差异比较

采用 t 检验(均值检验)的多元统计分析方法，分析纯化型羊栖菜幼孢子体对应长度单位质量(x_1、x_2 和 x_3)差异显著性及 3 个长度单位的质量均值 $[(x_1+x_2+x_3)/3]$ 差异显著性。

参考文献

[1] 国家技术监督局. 国际单位制及其应用：GB 3100—1993[S/OL].(1993-12-27)[2012-12-13].http://www.doc88.com/p-908977127408.html.

[2] 国家技术监督局. 有关量、单位和符号的一般原则：GB 3101—1993[S/OL].(1993-12-27) [2021-03-04]. https://wenku.baidu.com/view/eee4be6af724ccbff121dd36a32d7375a517c698.html.

[3] 中华人民共和国国家质量监督检验检疫总局，中国国家标准化管理委员会. 标点符号用法：GB/T 15834—2011[S/OL].(2011-12-30) [2012-12-01]. http://www.moe.gov.cn/jyb_sjzl/ziliao/

A19/201001/t20100115_75611.html.

[4] 国家质量技术监督局．技术制图　图样画法　视图：GB/T 17451—1998[S/OL].（1998-08-12）[2017-05-18]. https://max.book118.com/html/2017/0507/105054793.shtm.

[5] 中华人民共和国农业部．无公害食品　海水养殖用水水质：NY 5052—2001[S/OL].（2001-09-03）[2016-01-07]. https://www.taodocs.com/p-31106618.html.

[6] 全国人民代表大会常务委员会．中华人民共和国渔业法（2013 修订版）[EB/OL].（2013-12-28）[2018-03-30]. http://www.moa.gov.cn/gk/zcfg/fl/201803/t20180330_6139436.htm.

[7] 中华人民共和国农业部．水产养殖质量安全管理规定（中华人民共和国农业部令　第 31 号）[EB/OL].（2003-07-24）. http://www.gov.cn/gongbao/content/2004/content_62952.htm.

[8] 浙江省海洋与渔业局办公室．关于印发《浙江省省级水产原、良种场建设要点》的通知（浙海渔发〔2012〕11 号）[S/OL].（2012-02-13）[2013-08-16]. http://www.zj.gov.cn/art/2013/8/16/art_14458_99131.html.

[9] 浙江省发展和改革委员会，浙江省海洋与渔业局．省发展改革委、省海洋与渔业局关于印发浙江省海洋资源保护与利用“十三五”规划的通知（浙发改规划〔2016〕503 号）[EB/OL].（2016-08-23）[2016-09-18]. http://fzggw.zj.gov.cn/art/2016/9/18/art_1599544_30219027.html.

[10] 国务院．国务院关于同意宁波、温州高新技术产业开发区建设国家自主创新示范区的批复（国函〔2018〕13 号）[EB/OL].（2018-02-01）[2018-02-11]. http://www.gov.cn/zhengce/content/2018-02/11/content_5265936.htm.

[11] 国家发展改革委，自然资源部．关于建设海洋经济发展示范区的通知（发改地区〔2018〕1712 号）[S/OL].（2018-11-23）[2018-11-23]. https://zfxxgk.ndrc.gov.cn/web/iteminfo.jsp?id=15955.

[12] 温州市洞头区人民政府办公室．温州市洞头区人民政府关于印发《加快推进羊栖菜产业发展工作方案》的通知（洞政办发〔2019〕41 号）[EB/OL].（2019-08-13）[2019-08-14]. http://www.dongtou.gov.cn/art/2019/8/14/art_1254247_36907342.html.

附图

附图 3-5　洞头传统羊栖菜 17 ～ 20 cm 幼孢子体

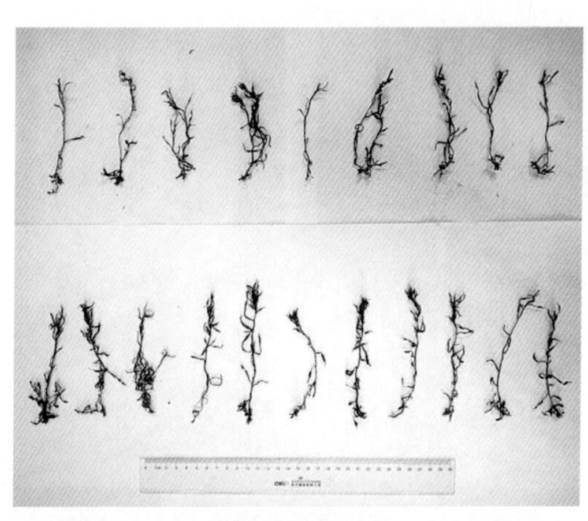

附图 3-6　洞头传统羊栖菜 17 ～ 20 cm 幼孢子体干藻

附图 3-7　洞头传统羊栖菜 8 ～ 11 cm 幼孢子体

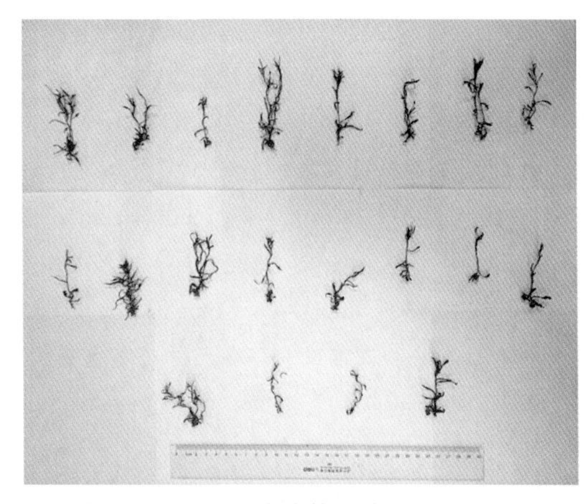

附图 3-8　洞头传统羊栖菜 8 ～ 11 cm 幼孢子体干藻

附图 3-9　洞头传统羊栖菜 4 ～ 7 cm 幼孢子体

附图 3-10　洞头传统羊栖菜 4 ～ 7 cm 幼孢子体干藻

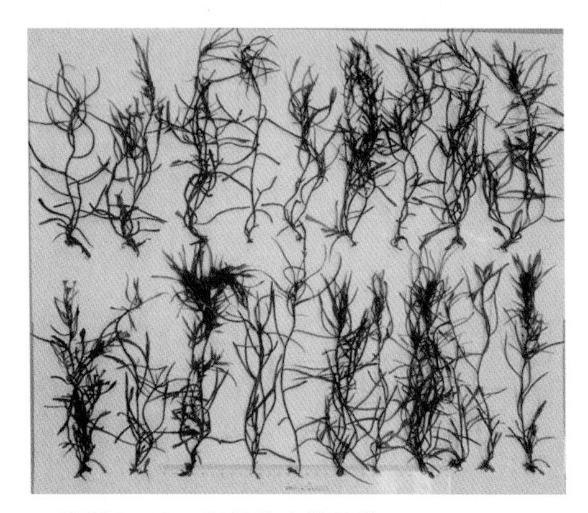

附图 3-11　洞头选育羊栖菜 17 ～ 20 cm 幼孢子体

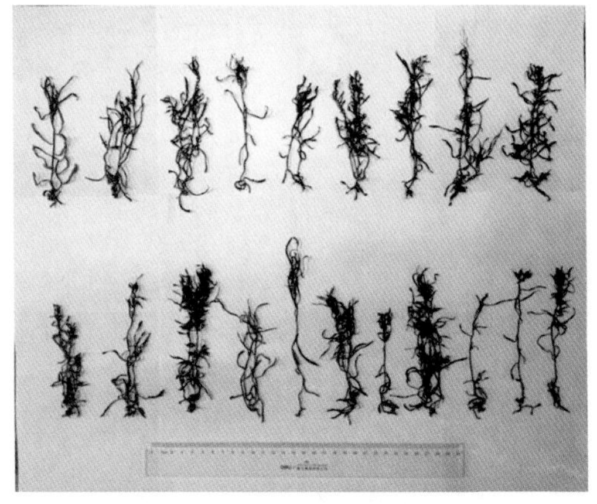

附图 3-12　洞头选育羊栖菜 17 ～ 20 cm 幼孢子体干藻

附图 3-13 洞头选育羊栖菜 8 ～ 11 cm 幼孢子体

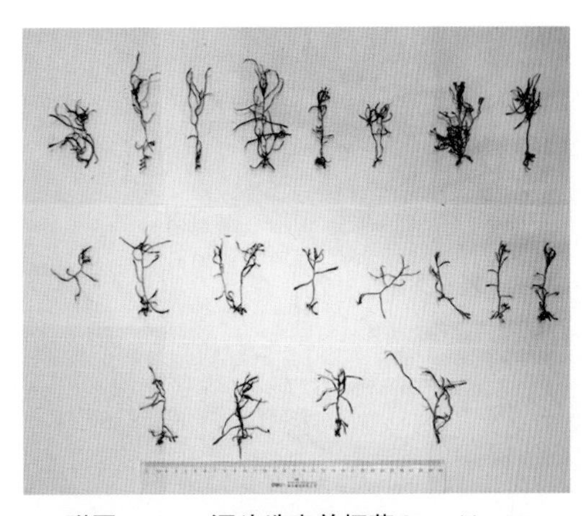

附图 3-14 洞头选育羊栖菜 8 ～ 11 cm 幼孢子体干藻

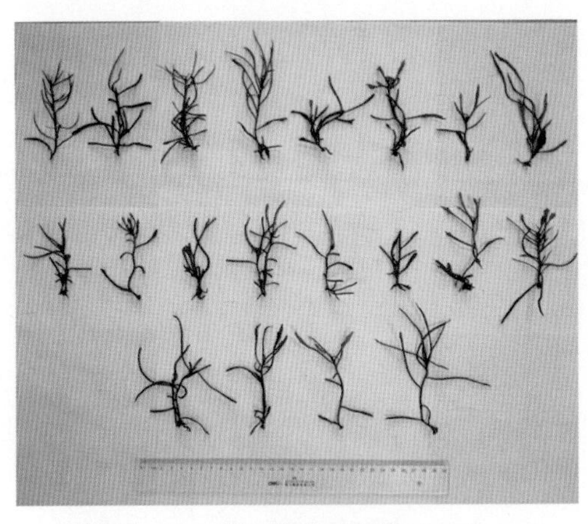

附图 3-15 洞头选育羊栖菜 4 ～ 7 cm 幼孢子体

附图 3-16 洞头选育羊栖菜 4 ～ 7 cm 幼孢子体干藻

附图 3-17 广东南澳野生羊栖菜 17 ～ 20 cm 幼孢子体

附图 3-18 广东南澳野生羊栖菜 17 ～ 20 cm 幼孢子体干藻

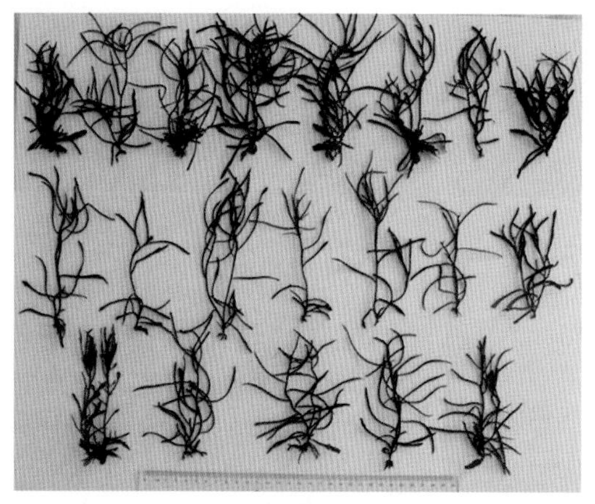

附图 3-19　广东南澳野生羊栖菜 8 ～ 11 cm 幼孢子体

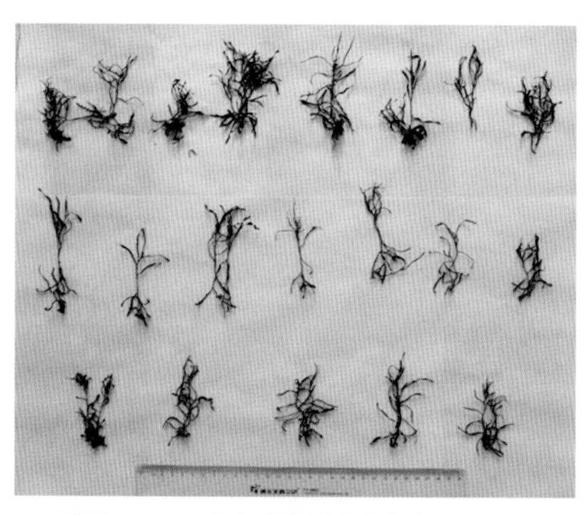

附图 3-20　广东南澳野生羊栖菜 8 ～ 11 cm 幼孢子体干藻

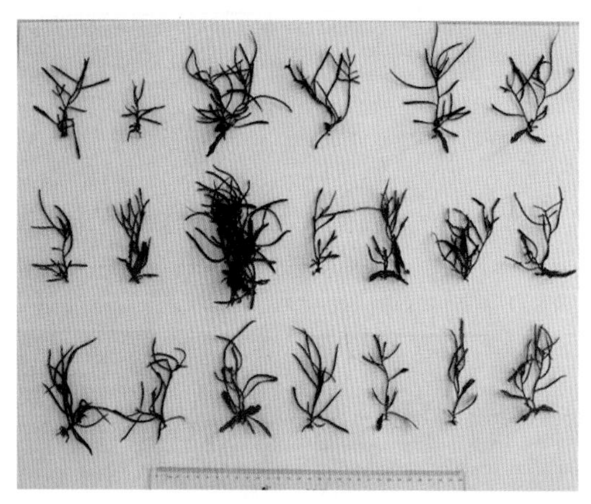

附图 3-21　广东南澳野生羊栖菜 4 ～ 7 cm 幼孢子体

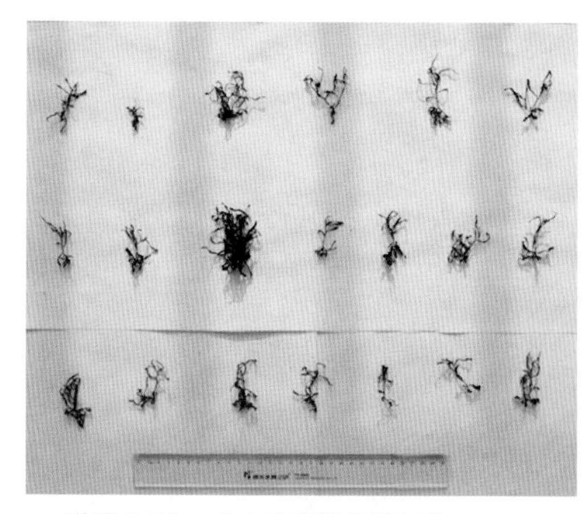

附图 3-22　广东南澳野生羊栖菜 4 ～ 7 cm 幼孢子体干藻

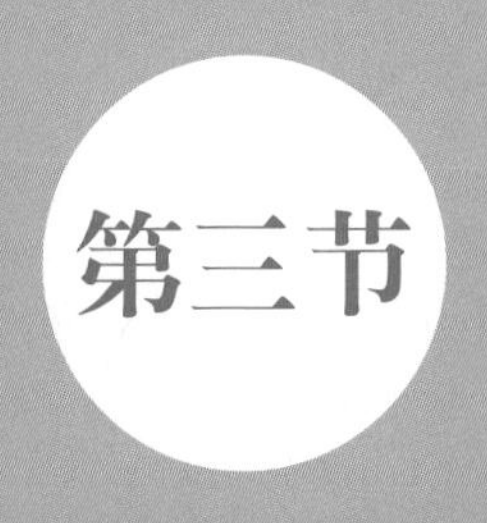

第三节 急性降雨造成育苗池内羊栖菜胚低盐伤害的防治方法

Preventive measures to low salt induced injury in embryos of *Sargassum fusiforme* in nursery ponds due to acute rainfall

前　言

本标准根据 GB/T 1.1—2009《标准化工作导则由第 1 部分：标准的结构和编写》、GB/T 20000—2014《标准化工作指南》和 GB/T 20001—2017《标准编写规则》国家标准要求编写。

本标准由 ×××××× 单位提出。

请注意本标准的某些内容可能涉及专利，本标准的发布机构不承担识别这些专利的责任。

本标准起草单位：××××××、××××××。

本标准主要起草人：×××、×××、×××。

本标准为首次发布。

引　言

根据国家标准化工作要求，基于多年的羊栖菜养殖生态学研究，在充分咨询科研院所专业技术人员和羊栖菜苗种繁育企业技术人员的基础上，编写了《急性降雨造成育苗池内羊栖菜胚低盐伤害的防治方法》。

为适应我国产业标准化工作发展的要求，助力温州市国家自主创新示范区建设［《国务院关于同意宁波、温州高新技术产业开发区建设国家自主创新示范区的批复》（国函〔2018〕13 号）］，加快羊栖菜产业健康发展［《温州市洞头区人民政府关于印发〈加快推进羊栖菜产业发展工作方案〉的通知》（洞政办发〔2019〕41 号）］，亟须编写和实施本标准，发挥本标准对预防育苗池内羊栖菜胚低盐伤害的实践指导作用。

羊栖菜是继海带、石花菜和裙带菜之后我国又一种较大规模人工养殖的大型经济褐藻。浙江省温州市洞头区是我国集羊栖菜繁育、养殖、加工和产品出口与内销于一体的最大的产业基地，产品销售量占全国的 90% 以上，被誉为“中国羊栖菜之乡”。羊栖菜有有性生殖和无性生殖两种繁殖方式。利用羊栖菜有性生殖培育的苗种是当前栽培羊栖菜苗种的主要来源。每年 5 月初至 6 月末正值多雨季节，此时也是浙江羊栖菜有性生殖的最佳时期。将羊栖菜种菜置于育苗池中暂养，雌、雄生殖托同步释放卵和精子。精卵结合。受精卵附着于雌生殖托。待受精卵从雌生殖托自然脱离并沉降至水底后，及时收集受精卵并将其均匀铺洒于注入新鲜海水的育苗池内的培养基（苗帘）上，暂养 7 ~ 10 d。羊栖菜受精卵逐渐发育成幼胚。幼胚发育期极易受急性强降雨（几小时或 1 d）引发的低盐海水的急性胁迫而大量死亡或流失，严重时可导致批次（5 月初至 6 月末，有效农业生产育苗为 3 个批次）苗种绝产。浙江、福建、广东近岸均是西太平洋台风登陆的主要区域。羊栖菜幼胚发育期遭遇强降雨天气的情况每年都会发生，造成一定量的苗种损失。因此，实施本标准可为羊栖菜育苗生产提供高效的低盐伤害防治技术保障，避免或降低苗种损失。

本标准的制定以标准撰写规范化要求为基础，突出急性降雨导致育苗池内羊栖菜胚低盐伤害的防治方法的科学性、系统性和规范性特征，为市、省、国家建立大型经济海藻育种技术体系提供参考。

1　范围

本标准规定了急性降雨造成育苗池内羊栖菜胚低盐伤害防治中的自然降雨实时信息收集、正常盐度海水蓄存、育苗池内海水水层高度提高、急性降雨期间羊栖菜育苗池海水盐度实时监测、急性降雨期及雨后羊栖菜育苗池内低盐海水置换等内容，并附图进行更直观的解说。

本标准适用于羊栖菜有性生殖育苗池暂养阶段。

2　规范性引用文件

下列文件是本文件应用的支撑。凡标注日期的引用文件，仅所注日期的版本适用于本文件。未标注日期的文件，其更新版本(包括修改单)均适用于本文件。

GB 3100—1993　国际单位制及其应用(ISO 1000)

GB 3101—1993　有关量、单位和符号的一般原则(ISO 31-0)

GB/T 15834—2011　标点符号用法

GB/T 17451—1998　技术制图　图样画法　视图

NY 5052—2001　无公害食品　海水养殖用水水质

《中华人民共和国渔业法》(2013 修正版)

《水产养殖质量安全管理规定》[中华人民共和国农业部令　第 31 号(2003)]

《浙江省海洋功能区划(2011—2020 年)的批复》(国函〔2012〕163 号)

《国务院关于浙江省海洋资源保护与利用“十三五”规划》(浙发改规划〔2016〕503 号)

《温州市海洋功能区划(2013—2020 年)》(温政〔2016〕42 号)

《国务院关于同意宁波、温州高新技术产业开发区建设国家自主创新示范区的批复》(国函〔2018〕13 号)

《关于建设海洋经济发展示范区的通知》(发改地区〔2018〕1712 号)

《温州市洞头区人民政府办公室关于印发〈加快推进羊栖菜产业发展工作方案〉的通知》(洞政办发〔2019〕41 号)

3　术语与定义

3.1　幼胚 young embryo

羊栖菜幼胚是由受精卵经有丝分裂发育成的金黄色球形或卵形的多细胞集合体(附图 3-23、附图 3-24)。它是羊栖菜胚的前体。羊栖菜幼胚呈卵形，分盾圆端和尖圆端。盾圆端发育滞后于尖圆端。盾圆端发育为藻体的主茎，再逐步分化出侧生茎、叶和气囊等器官。尖圆端发育出藻体的丝状假根。在盾圆端和尖圆端之间，具明显的纬向分界线。除上述正常形态的幼胚以外，极少数幼胚呈短柱状或其他不规则形态。幼胚发育期一般为 3 ～ 4 d。期间，细胞有丝分裂较慢，胚体沿形态学纵向中轴方向逐渐发育成椭球状。丝状假根生长发育特征明显。

3.2　胚 embryo

羊栖菜胚是由幼胚持续发育形成的，呈金黄色，柱状，表皮组织有少量凸起，丝状假根伸长且数量增加(附图 3-25)。

3.3 附苗帘 seedling attached curtain

附苗帘是附着有羊栖菜的苗帘。苗帘为棉和化纤混织，二者适宜比例为1∶4～1∶3。苗帘由16条2.4 cm宽、180 cm长的白色布条并联缝制而成，两短边距端用钢底横梁固定。

3.4 急性降雨 acute rainfall

急性降雨指12 h内累计降雨量达中雨（10.0～24.9 mm）、大雨（25.0～49.9 mm）或暴雨（50.0～99.9 mm）标准的降雨。

3.5 育苗池 nursery ponds

育苗池主体框架为钢筋混凝土结构，并有排水设施、曝气设施、培养基固定设施、遮阳和防雨设施等。池深0.5～1.2 m，单池最佳大小为11 m×4.5 m。育苗池还可用作种菜暂养池、合子收集池、淡水蓄存池或鱼类繁殖池等。

3.6 低盐伤害 low salt induced injury

羊栖菜幼胚及胚生长发育阶段适应的盐度范围为25～33。当盐度低于25时，幼胚和胚处于低渗环境，细胞内Na^{+}、Cl^{-}过量外流，细胞膜结构受到不同程度的损伤，进而细胞的代谢及生理功能受到影响。严重时幼胚及胚会大量死亡。

4 基本条件

4.1 育种资质

育种单位应具备规范化的种菜田、陆海种菜运输工具和完备的育种基地设施，以及成熟育种技术和熟练的技术人员等一系列育种生产条件。

4.2 海水水质

育种单位近岸海域海水水质应符合NY 5052—2001《无公害食品　海水养殖用水水质》标准，正常海水盐度为28～33，pH为7.8～8.3。

4.3 育种人员与生产安全

育种人员须身体健康，无重大疾病或传染病。育种设施远离严重污染源和城市污水排放区。育种场地干净整洁，符合健康卫生环境标准。生产设施无安全隐患。育种船只必须持有国家海事管理机构认可的船舶检验机构检验合格的证书，救生装备齐全。

4.4 生产设施

生产企业应具备育苗池、沙滤池、蓄水池、仓储设施、防雨和防晒设施、给排水设施、供电设施、维护维修设备、水质监测设备、盐度监测设备、降雨信息实时接收设备等。

5 急性降雨导致育苗池内羊栖菜胚低盐伤害的防治操作

5.1 降雨实时信息收集

利用手机或其他设备收集当地降雨实时播报信息。根据预报的降雨量，做好海水储备等预防工作。

5.2 蓄存正常盐度海水

降雨前一天，选择涨潮和平潮时段蓄存海水。蓄水池内海水存量为苗池日用水量的1～2倍。完善防雨设施，防止雨水倒灌导致蓄水池的海水盐度降低。

5.3 提高育苗池内海水垂直高度

降雨前一天，育苗池内缓慢加入过滤及沉降泥沙后的新鲜海水（盐度28～33、pH 7.8～8.3、无毒害微藻），提高苗池内海水高度，将单层附苗帘所在水层高度从25～30 cm提高至45～50 cm，将双层附苗帘所在水层高度从50～55 cm提高至65～70 cm。

5.4 急性降雨期间育苗池内海水盐度的实时监测

急性降雨时，须实时监测育苗池内海水盐度的变化情况，主要包括水层均点监测和水层盐度均值计算两部分内容。

5.4.1 水层均点监测

根据育苗池数量，选3～5个育苗池为盐度监测点。每个监测点再设定4个监测水层，即距离池底高度15～20 cm、20～35 cm、35～50 cm和50～55 cm（单层附苗帘）或25～35 cm、35～50 cm、50～65 cm和65～70 cm（双层附苗帘）处。急性降雨前，测定和记录正常海水盐度。急性降雨时，每20～30 min测定一次海水盐度。

5.4.2 水层盐度均值计算

测定育苗池各监测点各监测水层盐度后，计算各水层盐度均值，对比正常海水盐度，评估各水层盐度降低情况，并注入正常盐度海水置换育苗池内低盐海水。

5.5 急性降雨期间育苗池内低盐海水的置换

5.5.1 育苗池上层海水盐度28～33

上层及各监测水层盐度均为28～33时，缓慢注入正常盐度海水，置换出育苗池上层混有微量雨水的海水。

5.5.2 育苗池上层海水盐度25～28

高度50～55 cm（单层附苗帘）或65～70 cm（双层附苗帘）水层的海水盐度降为25～28，但高度35～50 cm（单层附苗帘）或50～65 cm（双层附苗帘）水层的海水盐度为正常值28～33时，选择长度为40～45 cm（单层附苗帘）或55～60 cm（双层附苗帘）

的聚乙烯塑料排水管，插入池底排水孔（附图 3-26），及时排出育苗池上层低盐海水。同时，打开注水阀，缓慢注入盐度 28 ～ 33 的预存海水，加速低盐海水的排出，提高育苗池内上层海水的盐度。至育苗池内海水高度降至 40 ～ 45 cm（单层附苗帘）或 55 ～ 60 cm（双层附苗帘）时，选择长度为 50 ～ 55 cm（单层附苗帘）或 65 ～ 70 cm（双层附苗帘）的聚乙烯塑料管，插入排水孔，提高育苗池水位，直至表层海水从排水管上口流出（附图 3-27）。保持注水阀缓慢注水状态。

5.5.3　育苗池上层海水盐度 20 ～ 24

高度 50 ～ 55 cm（单层附苗帘）或 65 ～ 70 cm（双层附苗帘）水层的海水盐度降为 20 ～ 24，高度 35 ～ 50 cm（单层附苗帘）或 50 ～ 65 cm（双层附苗帘）水层的海水盐度为 25 ～ 28，但高度 20 ～ 35 cm（单层附苗帘）或 35 ～ 50 cm（双层附苗帘）水层的海水盐度为正常值 28 ～ 33 时，选择长度为 25 ～ 30 cm（单层附苗帘）或 40 ～ 45 cm（双层附苗帘）的聚乙烯塑料排水管，插入池底排水孔，及时排出育苗池上层低盐海水。同时，打开注水阀，中速注入盐度 28 ～ 33 的预存海水，加速低盐海水的排出，提高育苗池内上层海水的盐度。至育苗池内海水高度降为 25 ～ 30 cm（单层附苗帘）或 40 ～ 45 cm（双层附苗帘）时，选择长度为 50 ～ 55 cm（单层附苗帘）或 65 ～ 70 cm（双层附苗帘）的聚乙烯塑料管，插入排水孔，提高育苗池水位，直至表层海水从排水管上口流出。将注水阀调为缓慢注水状态。

5.5.4　育苗池上层海水盐度 15 ～ 19

高度 50 ～ 55 cm（单层附苗帘）或 65 ～ 70 cm（双层附苗帘）水层的海水盐度降至 15 ～ 19，高度 35 ～ 50 cm（单层附苗帘）或 50 ～ 65 cm（双层附苗帘）水层的海水盐度为 20 ～ 24，但高度 20 ～ 35 cm（单层附苗帘）或 35 ～ 50 cm（双层附苗帘）水层的海水盐度为 28 ～ 33 时，选择长度为 15 ～ 20 cm（单层附苗帘）或 30 ～ 35 cm（双层附苗帘）的聚乙烯塑料排水管，插入池底排水孔，及时排出育苗池上层低盐海水。同时，打开注水阀，快速注入 28 ～ 33 盐度的预存海水，加速低盐海水的排出，提高育苗池内上层海水的盐度。至育苗池内海水高度降至 15 ～ 20 cm（单层附苗帘）或 30 ～ 35 cm（双层附苗帘）时，选择长度为 50 ～ 55 cm（单层附苗帘）或 65 ～ 70 cm（双层附苗帘）聚乙烯塑料管，插入排水孔，提高育苗池水位，直至表层海水从排水管上口流出。将注水阀调为缓慢注水状态。

5.5.5　育苗池上层海水盐度 10 ～ 14

高度 50 ～ 55 cm（单层附苗帘）或 65 ～ 70 cm（双层附苗帘）水层的海水盐度为 10 ～ 14，高度 35 ～ 50 cm（单层附苗帘）或 50 ～ 65 cm（双层附苗帘）水层的海水盐度为 15 ～ 19，高度 20 ～ 35 cm（单层附苗帘）或 35 ～ 50 cm 水层的海水盐度为 25 ～ 28，但高度 15 ～ 20 cm（单层附苗帘）或 25 ～ 35 cm（双层附苗帘）水层的盐度为正常值 28 ～ 33 时，选择长度为 15 ～ 20 cm（单层附苗帘）或 30 ～ 35 cm（双层附苗帘）的聚乙烯塑料排水管，插入池底排水孔，及时排出育苗池上层低盐海水。同时，打开注水阀，快速注入 28 ～ 33 盐度的预存海水，加速低盐海水的排出，提高育苗池内上层海水的盐度。至育苗池内海水高度降为 15 ～ 20 cm（单层附苗帘）或 30 ～ 35 cm（双层附苗帘）时，选择长度为 50 ～ 55 cm

（单层附苗帘）或 65 ～ 70 cm（双层附苗帘）的聚乙烯塑料管，插入排水孔，提高育苗池水位，直至表层海水从排水管上口流出。将注水阀调为缓慢注水状态。

5.5.6　育苗池上层海水盐度 0 ～ 9

高度为 15 ～ 20 cm（单层附苗帘）或 25 ～ 35 cm（双层附苗帘）水层的海水盐度为 9 或更低时，将育苗池内附苗帘取出，暂置于盐度 28 ～ 33 的海水中。同时，打开育苗池排水孔，将低盐海水全部排出，重新注入 50 ～ 55 cm（单层附苗帘）或 65 ～ 70 cm（双层附苗帘）高的盐度 28 ～ 33 的海水，再将附苗帘重新置于育苗池中挂养。将注水阀调为缓慢注水状态。

5.6　急性降雨过后育苗池内海水的置换

急性降雨后，监测海水盐度。海水盐度为 28 ～ 33 时，抽取、过滤、沉降自然海水，将育苗池内海水全部置换。

6　抽样检测

6.1　幼胚或胚镜检

镜检胚体和丝状假根发育状态。正常胚体呈金黄色，根部浅黄色。正常丝状假根无色透明。受低盐胁迫伤害后，胚体黑色，假根脱落。

6.2　固着性检查

手洗附苗帘，观察是否存在脱落现象。正常发育胚体无脱落迹象，受低盐胁迫伤害的胚体大量脱落，漂浮于水面。

参考文献

[1] 国家技术监督局．国际单位制及其应用：GB 3100—1993[S/OL]．（1993-12-27）[2012-12-13]．http://www.doc88.com/p-908977127408.html.

[2] 国家技术监督局．有关量、单位和符号的一般原则：GB 3101—1993[S/OL]．（1993-12-27）[2021-03-04].https://wenku.baidu.com/view/eee4be6af724ccbff121dd36a32d7375a517c698.html.

[3] 中华人民共和国国家质量监督检验检疫总局，中国国家标准化管理委员会．标点符号用法：GB/T 15834—2011[S/OL]．（2011-12-30）[2012-12-01]．http://www.moe.gov.cn/jyb_sjzl/ziliao/A19/201001/t20100115_75611.html.

[4] 国家质量技术监督局．技术制图　图样画法　视图：GB/T 17451—1998[S/OL]．（1998-08-12）[2017-05-18]．https://max.book118.com/html/2017/0507/105054793.shtm.

[5] 中华人民共和国农业部．无公害食品　海水养殖用水水质：NY 5052—2001[S/OL]．（2001-09-03）[2016-01-07]．https://www.taodocs.com/p-31106618.html.

[6] 全国人民代表大会常务委员会．中华人民共和国渔业法(2013 修订版)[EB/OL]．（2013-12-28）

[2018-03-30]. http://www.moa.gov.cn/gk/zcfg/fl/201803/t20180330_6139436.htm.

[7] 中华人民共和国农业部. 水产养殖质量安全管理规定(中华人民共和国农业部令 第31号)[EB/OL]. (2003-07-24). http://www.gov.cn/gongbao/content/2004/content_62952.htm.

[8] 浙江省海洋与渔业局办公室. 关于印发《浙江省省级水产原、良种场建设要点》的通知(浙海渔发〔2012〕11号)[S/OL]. (2012-02-13)[2013-08-16]. http://www.zj.gov.cn/art/2013/8/16/art_14458_99131.html.

[9] 国务院. 国务院关于同意宁波、温州高新技术产业开发区建设国家自主创新示范区的批复(国函〔2018〕13号)[EB/OL]. (2018-02-01)[2018-02-11]. http://www.gov.cn/zhengce/content/2018-02/11/content_5265936.htm.

[10] 国家发展改革委, 自然资源部. 关于建设海洋经济发展示范区的通知(发改地区〔2018〕1712号)[S/OL]. (2018-11-23)[2018-11-23]. https://zfxxgk.ndrc.gov.cn/web/iteminfo.jsp?id=15955.

[11] 温州市洞头区人民政府办公室. 温州市洞头区人民政府关于印发《加快推进羊栖菜产业发展工作方案》的通知(洞政办发〔2019〕41号)[EB/OL]. (2019-08-13)[2019-08-14]. http://www.dongtou.gov.cn/art/2019/8/14/art_1254247_36907342.html.

附图

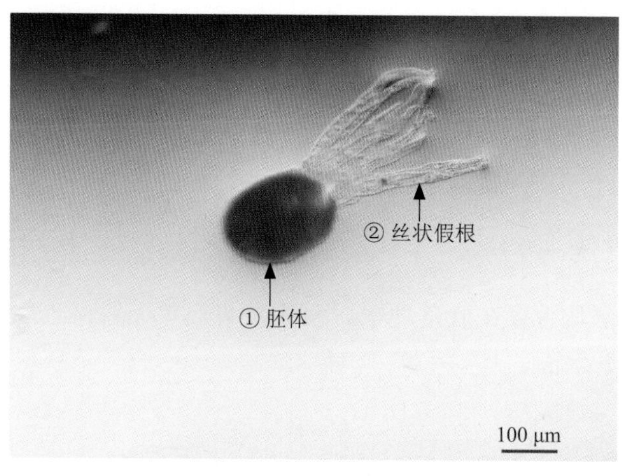

附图 3-23 羊栖菜幼胚形态

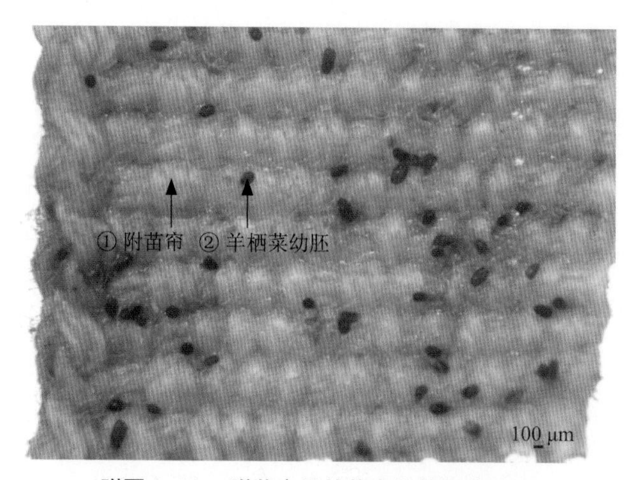

附图 3-24 附苗帘及其着生的羊栖菜幼胚

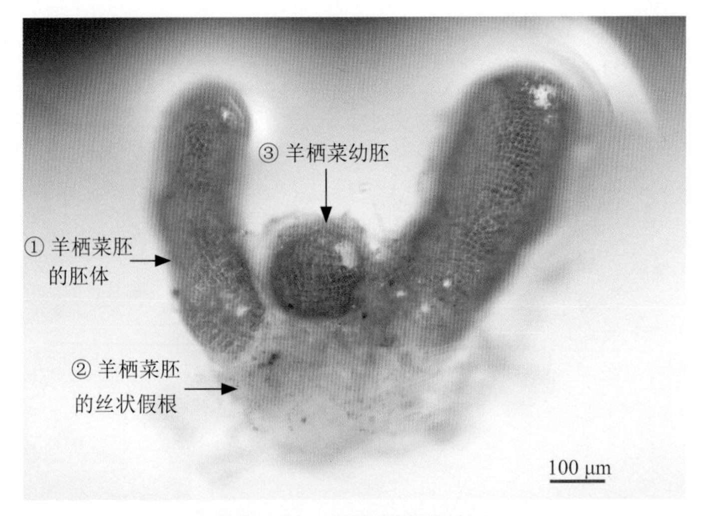

附图 3-25　羊栖菜胚和幼胚

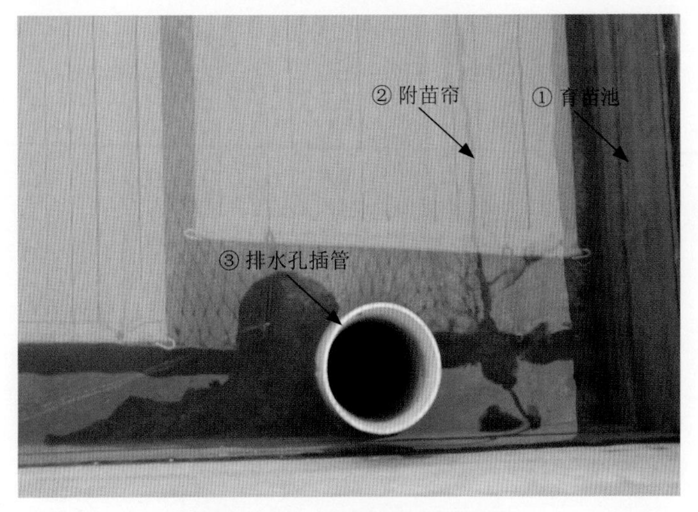

附图 3-26　育苗池池底排水孔

附图 3-27　育苗池上层海水从插管管口流出

第四章

养殖羊栖菜产量及品质评价标准

本章内容

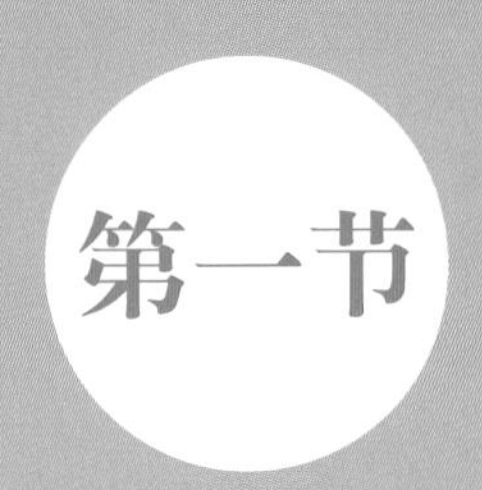

第一节 养殖羊栖菜初级产品单位产量鲜重、干重及含水量评估与差异比较的技术标准

Standardized techniques for assessments and variance comparison on fresh weight, dried weight and water content of primary products of *Sargassum fusiforme*

前 言

本标准根据GB/T 1.1—2009《标准化工作导则　第1部分：标准的结构和编写》、GB/T 20000—2014《标准化工作指南》和GB/T 20001—2017《标准编写规则》国家标准要求编写。

本标准由××××××单位提出。

请注意本标准的某些内容可能涉及专利，本标准的发布机构不承担识别这些专利的责任。

本标准起草单位：××××××、××××××。

本标准主要起草人：×××、×××、×××、×××、×××。

本标准为首次发布。

基于多年的羊栖菜不同品系初级产品单位产量鲜重、干重及含水量评估与差异比较研究，在充分咨询科研院所专业技术人员、政府有关职能部门负责人、长期从事羊栖菜养殖的人员和产品加工企业技术主管人员的基础上，根据国家标准化工作要求，系统地编写了《养殖羊栖菜初级产品单位产量鲜重、干重及含水量评估与差异比较的技术标准》。

为适应我国产业标准化工作发展的要求，助力温州市国家自主创新示范区［《国务院关于同意宁波、温州高新技术产业开发区建设国家自主创新示范区的批复》（国函〔2018〕13号）］和海洋经济发展示范区［《关于建设海洋经济发展示范区的通知》（发改地区〔2018〕1712号）］建设，加快羊栖菜产业健康发展［《温州市洞头区人民政府关于印发〈加快推进羊栖菜产业发展工作方案〉的通知》（洞政办发〔2019〕41号）］，更好地发挥羊栖菜单位鲜重、干重及含水量评估技术对优良品系品质评价的指导作用，亟须编写和实施本标准。

浙江省温州市洞头区是我国最大的羊栖菜产业基地，年养殖面积1.1万余亩，主要养殖方式为软式筏架养殖、平挂养殖。在浙江，羊栖菜于每年9～12月分批次人工夹苗养殖，于次年4月中旬至5月中旬采收。我国现行大型海藻养殖面积评估和统计普遍采用“海亩”单位，即1 000米夹苗绳计为1海亩。早期野生苗采用软式筏架养殖，苗绳长3.3 m，苗绳间距0.6 m，1海亩实际占用水面面积接近1亩，但不同养殖户单条苗绳夹苗数不等。随着我国经济类海藻优良种质研发的不断发展，羊栖菜、海带、裙带菜等种质生物学性状得到了明显改善，新品种或新品系的藻体长度不断增加，致使苗绳间距不断增加，使得1海亩苗绳布局的实际占用水面面积远大于1亩，且单条苗绳夹苗数仍差异较大。目前，羊栖菜单位产量评估的普遍方式为计算单条苗绳平均鲜重、干重，忽略了实际单位面积、单条苗绳夹苗数和单位面积总苗绳数等评估参数，致使单位产量评估值与实际单位产量存在较大差异。如何科学、规范地评估我国大型海藻单位产量、对比不同时间或空间的单位产量差异，是本标准要解决的技术问题。

本标准制定以标准撰写规范化要求为基础，重点突出所设置的评估指标的科学性、规范性和系统性，以此显著区分海亩单位或亩单位产量鲜重、干重及含水量差异，为羊栖菜产业技术标准化体系的建立提供支撑。

1　范围

本标准规定了养殖羊栖菜夹苗绳计数、长度测量、清洗和除杂，评估参数设置，单位产量鲜重、干重计算，鲜品、干品含水量计算，单位产量鲜重、干重差异比较，鲜品、干品含水量差异比较等方面的内容。

2　规范性引用文件

下列文件是本文件应用的支撑。凡标注日期的引用文件，仅所注日期的版本适用于本文件。未标注日期的文件，其更新版本（包括修改单）均适用于本文件。

GB 3100—1993　国际单位制及其应用（ISO 1000）

GB 3101—1993　有关量、单位和符号的一般原则（ISO 31-0）

GB/T 15834—2011　标点符号用法

GB/T 13432—2013　食品安全国家标准　预包装食品标签通则

《关于统一海水养殖面积核算标准的函》[（98）海渔便字第 12 号]

《国务院关于同意宁波、温州高新技术产业开发区建设国家自主创新示范区的批复》（国函〔2018〕13 号）

《关于建设海洋经济发展示范区的通知》（发改地区〔2018〕1712 号）

《温州市洞头区人民政府办公室关于印发〈加快推进羊栖菜产业发展工作方案〉的通知》（洞政办发〔2019〕41 号）

3　术语与定义

3.1　初级产品 primary product

初级产品即养殖羊栖菜初级农产品，既包括经自然晾晒或恒温烘干至恒重的干藻体，又包括除杂、去假根和清洗处理的鲜藻体。

3.2　单绳株数 the number of *sargassum fusiforme* per rope

单绳株数指单条夹苗绳上实际存在的羊栖菜藻体数目。

3.3　样本 sample

研究中实际调查的部分个体称为样本，又称子样。研究对象的全部称为总体。样本抽取必须遵循随机化原则，且样本要有足够的数量。样本中个体的数目称为样本容量。

3.4　小样本 small sample

小样本为单位产量评估中实际调查个体数目在 3 ～ 29 范围内的随机样本。

3.5　大样本 large sample

大样本为单位产量评估中实际调查个体数目不少于 30 的随机样本。

3.6　评估参数 assessment parameter

评估参数是描述总体特征的概括性数字度量，是了解总体的特征值。本标准涉及的评估参数包括夹苗绳数、样本数、样本个体鲜重、自然晾晒干重和 80 ℃恒温烘干干重等。

3.7　藻体鲜重 fresh weight of algae

藻体鲜重指羊栖菜幼孢子体、孢子体或成熟孢子体期鲜藻体的重量。称量羊栖菜藻体鲜重须人工去除杂藻和泥沙、生活垃圾、苗绳等非藻体物质。

3.8　自然晾晒藻体干重 dry weight of naturally dried algae

羊栖菜鲜藻体采摘后，均匀平铺于干净的网帘上，经风吹日晒，脱水干燥至恒重。此时藻体的重量为自然晾晒藻体干重。

3.9　80 ℃恒温烘干藻体干重 dry weight of dried algae at 80 ℃

80 ℃恒温烘干藻体干重指羊栖菜鲜藻体经烘干箱 80 ℃烘干处理至恒重的重量。烘干处理前须人工去除杂藻和泥沙、生活垃圾、苗绳等非藻体物质。

3.10　含水量 water content

含水量指羊栖菜鲜藻体实际含水质量，有两种检测方法：自然晾晒法和 80 ℃恒温烘干法。羊栖菜鲜藻体含水量（自然晾晒法）＝［羊栖菜藻体鲜重（GW）－自然晾晒藻体干重（DW）］/ 羊栖菜藻体鲜重（GW）×100%；羊栖菜鲜藻体含水量（80 ℃恒温烘干法）＝［羊栖菜藻体鲜重（GW）－80 ℃ 恒温烘干藻体干重（DW）］/ 羊栖菜藻体鲜重（GW）×100%。

3.11　单位产量 unit production

单位产量指羊栖菜经过一个人工养殖周期后，平均每海亩或每亩收获鲜藻体或干藻体的质量（kg）。

4　相同海区同一品系养殖羊栖菜不同生长期单位产量鲜重、干重及含水量的评估与差异比较

4.1　拟定目标与背景

拟定目标：于相同海区养殖的某羊栖菜新品系不同生长期初级产品单位鲜重、干重和含水量的评估与差异比较。

拟定品系：养殖羊栖菜新品系 A。

拟定时间：20×× 年 1 月 15 日、20×× 年 2 月 15 日、20×× 年 3 月 15 日、20××

年 4 月 15 日、20×× 年 5 月 15 日和 20×× 年 6 月 15 日。

拟定地点：×× 省 ×× 市 ×× 县（区）×× 海区。

4.2　夹苗绳计数与测量

在各拟定时间，于拟定养殖海区分别随机选取夹苗绳不少于 5 条，测量夹苗绳单绳长度（cm），记录测量数据，计算夹苗绳长度平均值。

4.3　清洗与除杂

清洁场地，展平羊栖菜藻体，使用事先过滤好的海水高压清洗羊栖菜藻体至洗过的海水清澈。手工摘除附生杂藻、草棍和生活垃圾等杂物。

4.4　评估参数

4.4.1　单绳羊栖菜株数

利用剪刀逐株剪取夹苗绳上的羊栖菜，计算单绳羊栖菜株数平均值。

4.4.2　单株鲜重

以藻体没有明显滴水为标准，逐株称量羊栖菜样本鲜重（样本数目不少于 30），记录称量数据，计算鲜重平均值（克 / 株）。

4.4.3　自然晾晒单株干重

将羊栖菜样本（样本数目不少于 30）自然晾晒至恒重，逐株称量干重，记录称量数据，计算干重平均值（克 / 株）。

4.4.4　80 ℃恒温烘干单株干重

将羊栖菜样本（样本数目不少于 30）于 80 ℃恒温烘干至恒重，逐株称量干重，记录称量数据，计算干重平均值（克 / 株）。

4.5　单位产量鲜重、干重及含水量的计算

4.5.1　海亩单位

4.5.1.1　海亩单位产量鲜重的计算

海亩单位产量鲜重（kg）＝单株鲜重平均值（千克 / 株）× 单绳株数平均值（株）×［1 000（m）÷ 夹苗绳长度平均值（m）］。

4.5.1.2　海亩单位产量干重的计算（自然晾干或 80 ℃恒温烘干）

海亩单位产量干重（kg）＝ 单株干重平均值（千克 / 株）× 单绳株数平均值（株）×［1 000（m）÷ 夹苗绳长度平均值（m）］。

4.5.1.3　海亩单位产量鲜品含水量的计算

海亩单位产量鲜品含水量（kg）＝ 海亩单位产量鲜重（kg）－ 海亩单位产量干重（kg）。

4.5.1.4　海亩单位产量干品含水量的计算

海亩单位产量干品含水量(%)=[自然晾干单位产量(kg)－80 ℃恒温烘干单位产量(kg)]/自然晾干单位产量(kg)×100%。

4.5.2　亩单位

4.5.2.1　亩单位产量鲜重的计算

亩单位鲜重产量(kg)= 单株鲜重平均值(千克/株)× 单绳株数平均值(株)×{666.7(m^2)÷[夹苗绳长度平均值(m)× 苗绳间距(m)]+$\sqrt{666.7}$(m)÷ 夹苗绳长度平均值(m)}。

4.5.2.2　亩单位产量干重的计算(自然晾干或 80 ℃恒温烘干)

亩单位干重产量(kg)= 单株干重平均值(千克/株)× 单绳株数平均值(株)×{666.7(m^2)÷[夹苗绳长度平均值(m)× 苗绳间距苗绳间距(m)]+$\sqrt{666.7}$(m)÷ 夹苗绳长度平均值(m)}。

4.5.2.3　亩单位鲜品产量含水量的计算

亩单位产量鲜品含水量(kg)= 亩单位产量鲜重(kg)－亩单位产量干重(kg)。

4.5.2.4　亩单位产量干品含水量的计算

亩单位产量干品含水量(%)=[自然晾干单位产量(kg)－80 ℃恒温烘干单位产量(kg)]/自然晾干单位产量(kg)×100%。

4.6　单位产量鲜重、干重的差异比较

4.6.1　海亩单位产量鲜重、干重的差异比较

4.6.1.1　海亩单位产量鲜重的差异比较

利用 4.5.1.1 部分的公式计算 4.1 部分拟定时间羊栖菜亩单位产量鲜重并比较。

4.6.1.2　海亩单位产量干重的差异比较(自然晒干或 80 ℃恒温烘干)

利用 4.5.1.2 部分的公式计算 4.1 部分拟定时间羊栖菜亩单位产量干重并比较。

4.6.2　亩单位产量鲜重、干重的差异比较

4.6.2.1　亩单位产量鲜重的差异比较

利用 4.5.2.1 部分的公式计算 4.1 部分拟定时间羊栖菜亩单位产量鲜重并比较。

4.6.2.2　亩单位产量干重的差异比较(自然晒干或 80 ℃恒温烘干)

利用 4.5.2.2 部分的公式计算 4.1 部分拟定时间羊栖菜亩单位产量干重并比较。

4.7　单位产量鲜品、干品含水量的差异比较

4.7.1　海亩单位产量鲜品、干品含水量的差异比较

4.7.1.1　海亩单位产量鲜品含水量的差异比较

利用 4.5.1.3 部分的公式计算 4.1 部分拟定时间羊栖菜海亩单位产量鲜品含水量并比较。

4.7.1.2 海亩单位产量干品含水量的差异比较

利用 4.5.1.4 部分的公式计算 4.1 部分拟定时间羊栖菜海亩单位产量干品含水量并比较。

4.7.2 亩单位产量鲜品、干品含水量的差异比较

4.7.2.1 亩单位产量鲜品含水量的差异比较

利用 4.5.2.3 部分的公式计算 4.1 部分拟定时间羊栖菜亩单位产量鲜品含水量并比较。

4.7.2.2 亩单位产量干品含水量的差异比较

利用 4.5.2.4 部分的公式计算 4.1 部分拟定时间羊栖菜亩单位产量干品含水量并比较。

5 不同养殖海区同一品系养殖羊栖菜相同生长期单位产量鲜重、干重及含水量的评估与差异比较

5.1 拟定目标与背景

拟定目标：养殖同一羊栖菜新品系成熟生长期初级产品单位产量鲜重、干重和含水量评估与差异比较。

拟定品系：养殖羊栖菜新品系 B。

拟定时间：20×× 年 5 月 12 日。

拟定地点：M 省 ×× 市 ×× 县（区）×× 海区和 N 省 ×× 市 ×× 县（区）×× 海区。

5.2 夹苗绳计数与测量

在拟定时间，于各拟定养殖海区分别随机选取夹苗绳不少于 5 条，测量夹苗绳单绳长度（cm），记录测量数据，计算夹苗绳长度平均值。

5.3 清洗与除杂

清洁场地，展平羊栖菜藻体，使用事先过滤好的海水高压清洗羊栖菜藻体至洗过的海水清澈。手工摘除附生杂藻、草棍和生活垃圾等杂物。

5.4 评估参数

参照 4.3 部分的内容。

5.5 单位产量鲜重、干重及含水量的计算

参照 4.5 部分的内容。

5.6 单位产量鲜重、干重的差异比较

5.6.1 海亩单位产量鲜重、干重的差异比较

5.6.1.1 海亩单位鲜重产量的差异比较

利用 4.5.1.1 部分的公式计算 5.1 部分拟定海区羊栖菜海亩单位产量鲜重并比较。

5.6.1.2 海亩单位产量干重的差异比较(自然晒干或 80 ℃恒温烘干)

利用 4.5.1.2 部分的公式计算 5.1 部分拟定海区羊栖菜海亩单位产量干重并比较。

5.6.2 亩单位产量鲜重、干重的差异比较

5.6.2.1 亩单位产量鲜重的差异比较

利用 4.5.2.1 部分的公式计算 5.1 部分拟定海区羊栖菜亩单位产量鲜重并比较。

5.6.2.2 亩单位产量干重的差异比较(自然晒干或 80 ℃恒温烘干)

利用 4.5.2.2 部分的公式计算 5.1 部分拟定海区羊栖菜亩单位产量干重并比较。

5.7 单位产量鲜品、干品含水量的差异比较

5.7.1 海亩单位产量鲜品、干品含水量的差异比较

5.7.1.1 海亩单位产量鲜品含水量的差异比较

利用 4.5.1.3 部分的公式计算 5.1 部分拟定海区羊栖菜海亩单位产量鲜品含水量并比较。

5.7.1.2 海亩单位产量干品含水量的差异比较

利用 4.5.1.4 部分的公式计算 5.1 部分拟定海区羊栖菜海亩单位产量干品含水量并比较。

5.7.2 亩单位产量鲜品、干品含水量的差异比较

5.7.2.1 亩单位产量鲜品含水量的差异比较

利用 4.5.2.3 部分的公式计算 5.1 部分拟定海区羊栖菜亩单位产量鲜品含水量并比较。

5.7.2.2 亩单位产量干品含水量的差异比较

利用 4.5.2.4 部分的公式计算 5.1 部分拟定海区羊栖菜亩单位产量干品含水量并比较。

6 相同海区的不同品系养殖羊栖菜相同生长期单位产量鲜重、干重产量及含水量的评估与差异比较

6.1 拟定目标与背景

拟定目标:于相同海区养殖的羊栖菜新品系 A 与新品系 B 成熟生长期初级农产品单位产量鲜重、干重和含水量评估与差异比较。

拟定品系：养殖羊栖菜新品系A、羊栖菜新品系B。

拟定时间：20×× 年5月10日。

拟定地点：×× 省 ×× 市 ×× 县(区) ×× 海区。

6.2 夹苗绳计数与测量

在预定时间内，于拟定养殖海区分别随机选取各拟定品系羊栖菜夹苗绳不少于5条，测量夹苗绳单绳长度(cm)，记录测量数据，计算夹苗绳长度平均值。

6.3 清洗与除杂

参照4.3部分的内容。

6.4 评估参数

参照4.4部分的内容。

6.5 单位产量鲜重、干重及含水量的计算

参照4.5部分的内容。

6.6 单位产量鲜重、干重的差异比较

6.6.1 海亩单位产量鲜重、干重的差异比较

6.6.1.1 海亩单位产量鲜重的差异比较

利用4.5.1.1部分的公式计算6.1部分拟定品系羊栖菜海亩单位产量鲜重并比较。

6.6.1.2 海亩单位产量干重的差异比较(自然晒干或80 ℃恒温烘干)

利用4.5.1.2部分的公式计算6.1部分拟定品系羊栖菜海亩单位产量干重并比较。

6.6.2 亩单位产量鲜重、干重的差异比较

6.6.2.1 亩单位产量鲜重的差异比较

利用4.5.2.1部分的公式计算6.1部分拟定品系羊栖菜亩单位产量鲜重并比较。

6.6.2.2 亩单位产量干重的差异比较(自然晒干或80 ℃恒温烘干)

利用4.5.2.2部分的公式计算6.1部分拟定品系羊栖菜亩单位产量干重并比较。

6.7 单位产量鲜品、干品含水量的差异比较

6.7.1 海亩单位产量鲜品、干品含水量的差异比较

6.7.1.1 海亩单位产量鲜品含水量的差异比较

利用4.5.1.3部分的公式计算6.1部分拟定品系羊栖菜海亩单位产量鲜品含水量并比较。

6.7.1.2　海亩单位产量干品含水量的差异比较

利用 4.5.1.4 部分的公式计算 6.1 部分拟定品系羊栖菜海亩单位产量干品含水量并比较。

6.7.2　亩单位产量鲜品、干品含水量的差异比较

6.7.2.1　亩单位产量鲜品含水量的差异比较

利用 4.5.2.3 部分的公式计算 6.1 部分拟定品系羊栖菜亩单位产量鲜品含水量并比较。

6.7.2.2　亩单位产量干品含水量的差异比较

利用 4.5.2.4 部分的公式计算 6.1 部分拟定品系羊栖菜亩单位产量干品含水量并比较。

7　不同养殖海区养殖的不同品系羊栖菜相同生长期单位产量鲜重、干重及含水量的评估与差异比较

7.1　拟定目标与背景

拟定目标:分别于不同海区养殖的羊栖菜新品系 A 与新品系 B 成熟生长期初级农产品单位产量鲜重、干重和含水量的评估与差异比较。

拟定品系:养殖羊栖菜新品系 A、羊栖菜新品系 B。

拟定时间:20×× 年 5 月 8 日。

拟定地点:养殖羊栖菜新品系 A 的 M 省 ×× 市 ×× 县(区) X 海区,简称养殖羊栖菜新品系 A 的 M 省 X 海区;养殖羊栖菜新品系 B 的 N 省 ×× 市 ×× 县(区) Y 海区,简称养殖羊栖菜新品系 B 的 N 省 Y 海区。

7.2　夹苗绳计数与测量

在拟定时间,分别于各拟定养殖海区随机选取相应品系羊栖菜夹苗绳不少于 5 条,测量夹苗绳单绳长度(cm),记录测量数据,计算夹苗绳长度平均值。

7.3　清洗与除杂

参照 4.3 部分内容。

7.4　评估参数

参照 4.4 部分内容。

7.5　单位产量鲜重、干重及含水量的计算

参照 4.5 部分内容。

7.6 单位产量鲜重、干重的差异比较

7.6.1 海亩单位产量鲜重、干重的差异比较

7.6.1.1 海亩单位产量鲜重的差异比较

根据 4.5.1.1 部分的公式计算 7.1 部分拟定海区养殖的拟定品系羊栖菜海亩单位产量鲜重并比较。

7.6.1.2 海亩单位产量干重的差异比较(自然晒干或 80 ℃恒温烘干)

根据 4.5.1.2 部分的公式计算 7.1 部分拟定海区养殖的拟定品系羊栖菜海亩单位产量干重并比较。

7.6.2 亩单位产量鲜重、干重的差异比较

7.6.2.1 亩单位产量鲜重的差异比较

根据 4.5.2.1 部分的公式计算 7.1 部分拟定海区养殖的拟定品系羊栖菜亩单位产量鲜重并比较。

7.6.2.2 亩单位产量干重的差异比较(自然晒干或 80 ℃恒温烘干)

根据 4.5.2.2 部分的公式计算 7.1 部分拟定海区养殖的拟定品系羊栖菜亩单位产量干重并比较。

7.7 单位产量鲜品、干品含水量的差异比较

7.7.1 海亩单位产量鲜品、干品含水量的差异比较

7.7.1.1 海亩单位产量鲜品含水量的差异比较

根据 4.5.1.3 部分的公式计算 7.1 部分拟定海区养殖的拟定品系羊栖菜海亩单位产量鲜品含水量并比较。

7.7.1.2 海亩单位产量干品含水量的差异比较

根据 4.5.1.4 部分的公式计算 7.1 部分拟定海区养殖的拟定品系羊栖菜海亩单位产量干品含水量并比较。

7.7.2 亩单位产量鲜品、干品含水量的差异比较

7.7.2.1 亩单位产量鲜品含水量的差异比较

利用 4.5.2.3 部分的公式计算 7.1 部分拟定海区养殖的拟定品系羊栖菜亩单位产量鲜品含水量并比较。

7.7.2.2 亩单位产量干品含水量的差异比较

利用 4.5.2.4 部分的公式计算 7.1 部分拟定海区养殖的拟定品系羊栖菜亩单位产量干品含水量并比较。

参考文献

[1] 国家技术监督局．国际单位制及其应用：GB 3100—1993[S/OL].（1993-12-27）[2012-12-13]. http://www.doc88.com/p-908977127408.html.

[2] 国家技术监督局．有关量、单位和符号的一般原则：GB 3101—1993[S/OL].（1993-12-27）[2021-03-04]. https://wenku.baidu.com/view/eee4be6af724ccbff121dd36a32d7375a517c698.html.

[3] 中华人民共和国国家质量监督检验检疫总局，中国国家标准化管理委员会．标点符号用法：GB/T 15834—2011[S/OL].（2011-12-30）[2012-12-01]. http://www.moe.gov.cn/jyb_sjzl/ziliao/A19/201001/t20100115_75611.html.

[4] 中华人民共和国卫生部．食品安全国家标准 预包装食品标签通则：GB 7718—2011[S/OL]. 北京：中国标准出版社，2012：1-9（2011-04-20）[2019-10-21]. http://www.doc88.com/p-7874763710319.html.

[5] 浙江省水产局．关于统一海水养殖面积核算标准的函[（98）海渔便字第 12 号）] [EB].[1998-09-10].

[6] 国务院．国务院关于同意宁波、温州高新技术产业开发区建设国家自主创新示范区的批复（国函〔2018〕13 号）[EB/OL].（2018-02-01）[2018-02-11]. http://www.gov.cn/zhengce/content/2018-02/11/content_5265936.htm.

[7] 国家发展改革委，自然资源部．关于建设海洋经济发展示范区的通知（发改地区〔2018〕1712 号）[S/OL].（2018-11-23）[2018-11-23]. https://zfxxgk.ndrc.gov.cn/web/iteminfo.jsp?id=15955.

[8] 温州市洞头区人民政府办公室．温州市洞头区人民政府关于印发《加快推进羊栖菜产业发展工作方案》的通知（洞政办发〔2019〕41 号）[EB/OL].（2019-08-13）[2019-08-14]. http://www.dongtou.gov.cn/art/2019/8/14/art_1254247_36907342.html.

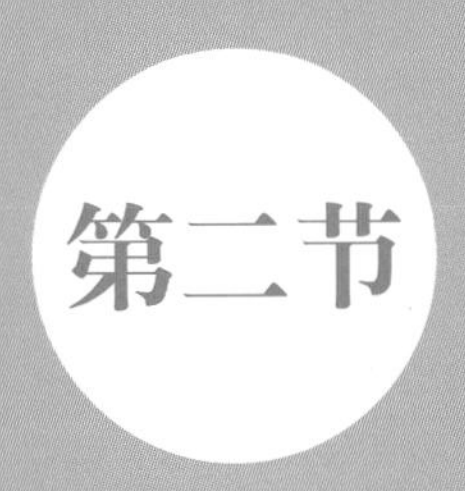

养殖羊栖菜初级产品干品品质等级评价技术标准

Standardized techniques for assessments on quality and grade of primary dried products of *Sargassum fusiforme*

前　言

本标准根据 GB/T 1.1—2009《标准化工作导则　第 1 部分：标准的结构和编写》、GB/T 20000《标准化工作指南》和 GB/T 20001《标准编写规则》国家标准要求编写。

本标准由 ×××××× 单位提出。

请注意本标准的某些内容可能涉及专利，本标准的发布机构不承担识别这些专利的责任。

本标准起草单位：××××××、××××××。

本标准主要起草人：×××、×××、×××、×××、×××。

本标准为首次发布。

引　言

根据国家标准化要求，基于多年的羊栖菜生物学、品系分类、优良品系选育及养殖推广等研究，在充分咨询科研人员、政府有关职能部门负责人、长期从事羊栖菜养殖的人员和产品加工企业技术主管人员的基础上，编写了《养殖羊栖菜初级产品干品品质等级评价技术标准》。

为适应我国产业标准化工作发展的要求，助力温州市国家自主创新示范区建设［《国务院关于同意宁波、温州高新技术产业开发区建设国家自主创新示范区的批复》（国函〔2018〕13 号）］，加快羊栖菜产业健康发展［《温州市洞头区人民政府关于印发〈加快推进羊栖菜产业发展工作方案〉的通知》（洞政办发〔2019〕41 号）］，更好地发挥羊栖菜初级产品品质等级评价技术对促进优良品系扩大养殖和出口产品加工的指导作用，促进羊栖菜产业提质增效，提高我国羊栖菜产品的国际市场竞争力，亟须编写和实施本标准。

浙江省温州市洞头区是我国最大的羊栖菜产业基地，年人工繁育 3 万余片附苗帘苗种，年养殖面积 1.1 万余亩，年产羊栖菜初级产品干品 7 000 余吨，被中国优质产品开发服务协会评为“中国羊栖菜之乡”。温州市洞头区羊栖菜初级产品的市场收购价格波动较大。2017 年的收购价格最高，为 5.8 元 / 斤；2019 年的收购价格最低，为 3.2 元 / 斤。造成羊栖菜初级产品收购价波动的主要原因有两个：一是温州市洞头区养殖的羊栖菜品系混杂，品质明显低于韩国羊栖菜，这直接影响出口产品的品质及国际市场价格；二是 30 年来，羊栖菜产品一直由收购企业协商定价，混杂品系和优良品系初级产品的收购价格一致，严重影响了养殖户养殖羊栖菜优良品系的积极性。目前，地方政府已充分认识到上述问题对产业链可持续健康发展的不利影响，积极地谋划和寻找有效解决途径和办法，规范羊栖菜初级产品市场交易秩序，以此平衡养殖户与收购企业的利益。因此，本标准的实施必将有利于羊栖菜产业健康高效发展。

本标准制定以标准撰写规范化要求为基础，重点突出所设置的评价指标的客观性、规范性和系统性，以此显著区分羊栖菜初级产品品质等级，为羊栖菜产业体系中出口产品品质评价标准的编撰提供参考。

1　范围

本标准规定了养殖羊栖菜初级农产品干品杂质含量、“特征”大气囊囊体长度和宽度、生殖托和簇生气囊数量、茎有无硅藻、茎直径、气囊与茎质量比、含水量和原材料与粗产品加工质量比等内容，并附图直观说明要点和难解内容。

2　规范性引用文件

下列文件是本文件应用的支撑。凡标注日期的引用文件，仅所注日期的版本适用于本文件。未标注日期的文件，其更新版本（包括修改单）均适用于本文件。

GB 3100—1993　国际单位制及其应用（ISO 1000）

GB 3101—1993　有关量、单位和符号的一般原则（ISO 31-0）

GB/T 15834—2011　标点符号用法

《国务院关于同意宁波、温州高新技术产业开发区建设国家自主创新示范区的批复》（国函〔2018〕13 号）

《温州市洞头区人民政府办公室关于印发〈加快推进羊栖菜产业发展工作方案〉的通知》（洞政办发〔2019〕41 号）

3　术语与定义

3.1　初级产品 primary product

初级产品即养殖羊栖菜初级农产品，既包括经除杂、去假根和清洗处理的鲜藻体，又包括自然晾晒或恒温烘干至恒重的干藻体。

3.2　干品 dried product

干品指自然晾晒或恒温烘干至恒重的养殖羊栖菜干藻体。

3.3　品质 quality

品质指羊栖菜初级产品干品的质量。养殖羊栖菜初级产品品质的评判包括杂质含量、气囊囊体特征、气囊和茎质量比等评价内容。

3.4　品质等级评价 quality grade evaluation

品质等级评价为根据杂质含量、气囊囊体特征、生殖托和簇生气囊数量、气囊和茎有无硅藻固着、气囊与茎质量比和含水量等品质指标对养殖羊栖菜初级产品干品进行等级划分。

3.5 杂质 impurity

除养殖羊栖菜假根、茎、叶片、气囊和生殖托以外的动植物体（裂片石莼、铜藻、纹藤壶和沙蚕等）、漂浮物（干草、泡沫和养殖用竹竿等）、生活垃圾（酒瓶、矿泉水瓶和塑料袋等）和沙石等均属杂质。

3.6 簇生气囊 clustered air-bladder

羊栖菜藻体叶腋间着生有 3 支及以上数量的气囊，这些气囊统称为簇生气囊。气囊包括棒形、卵形、短棒形和朝天椒形 4 种。

3.7 “特征”大气囊 characteristic air-bladder

羊栖菜簇生气囊中包含 1 ～ 2 支总长、囊体长和囊体宽显著大于其他气囊的气囊，称为“特征”大气囊。

3.8 生殖托 receptacle

羊栖菜雌雄异株，雌株生长雌生殖托，雄株生长雄生殖托。生殖托生长于簇生气囊的叶腋间，分托体、托茎或营养枝等结构。生殖托托体呈棒状，表面分布有褐色的圆形生殖窝，近托茎部位的生殖窝分布数量较少。每年 4 月初，羊栖菜成熟孢子体上少量生殖托开始萌发；至 4 月中旬，生殖托普遍开始萌发；至 5 月初，近 20% 的生殖托进入成熟期发育阶段；至 5 月中旬，近 45% 的生殖托进入成熟期发育阶段。随着羊栖菜有性生殖的发生及藻体侧生枝的逐渐流失，处于成熟期的生殖托数量显著减少。成熟前期至中期，雌生殖托托体长 0.8 ～ 3.3 cm，雄生殖托托体长 2.5 ～ 8.3 cm，此期间雄生殖托托体长度普遍大于雌生殖托。成熟后期，雌、雄生殖托托体形态差异不显著，雌、雄生殖托托体最大长度均可达 12.5 cm。此外，羊栖菜幼孢子体也会萌发生殖托，可进行有性生殖产生幼胚。同时，存在叶尖着托或托尖着叶等特殊现象。

3.9 硅藻 diatom

硅藻是一类具有光合色素的单细胞藻类，有硅质（主要成分为二氧化硅）的细胞壁，在世界大洋中分布极其广泛，在热带和温带海洋中种群数量较高。每年 5 月起，温州市洞头区近岸海域海水温度、光照和盐度逐渐适宜硅藻大量繁殖。此时恰逢养殖羊栖菜采收末期。若采收过晚，羊栖菜藻体表面就会附着大量硅藻，初级产品干品表面常呈灰白色。

4 养殖羊栖菜初级产品干品优级品质等级的评价标准

4.1 养殖羊栖菜初级产品干品的杂质含量

杂质质量分数≤ 3%。

4.2　养殖羊栖菜初级产品干品“特征”大气囊的囊体特征

4.2.1　棒形“特征”大气囊的囊体特征

囊体长≥ 12.0 mm，囊体宽≥ 3.5 mm（附图 4-1）。

4.2.2　卵形“特征”大气囊的囊体特征

囊体长≥ 9.5 mm，囊体宽≥ 4.5 mm（附图 4-2）。

4.2.3　混合型气囊干品特征

产品中既包含 4.2.1 部分所述的棒形气囊干品，又包含 4.2.2 部分所述的卵形气囊干品。

4.3　养殖羊栖菜初级产品干品生殖托和簇生气囊数量

生殖托无或有。簇生气囊≥ 4 支（附图 4-3）。

4.4　养殖羊栖菜初级产品干品气囊和茎有无硅藻附着、茎的直径特征

气囊和茎无硅藻附着，茎直径≥ 2.0 mm。

4.5　养殖羊栖菜初级产品干品气囊与茎的质量比

6∶4 ≤气囊∶茎≤ 7∶3。

4.6　养殖羊栖菜初级产品干品的含水量

12%≤含水量≤ 13%。

4.7　养殖羊栖菜原材料与粗产品加工质量比

原材料∶粗产品≤ 1∶0.45。

4.8　注意事项

4.8.1　养殖羊栖菜初级产品干品杂质的质量分数检测

杂质质量分数以各类杂质质量总和计算。进行杂质质量分数检测时应随机取 5 ～ 7 个样本，以样本杂质质量分数均值作为养殖羊栖菜初级产品干品杂质质量分数。

4.8.2　养殖羊栖菜初级产品干品“特征”大气囊的特征评价

随机选取 30 ～ 35 个“特征”大气囊样本。选用电子示数游标卡尺测量囊体长度和宽度，分别以样本长度和宽度均值作为养殖羊栖菜初级产品干品“特征”大气囊的长度和宽度值。测量囊体宽度时，游标卡尺开口宽度应与气囊干品囊体宽度相当，过力挤压囊体将影响评价真实性。

4.8.3 养殖羊栖菜初级产品干品生殖托数和簇生气囊数的评价

须至自然晾晒场地或烘干场所实地评估，谨防人为装袋操作致使生殖托和气囊大量脱落而影响评估结果。评估时随机选取 30 ～ 35 个样本，分别以样本生殖托数和簇生气囊数均值作为养殖羊栖菜初级产品干品生殖托数和簇生气囊数。

4.8.4 养殖羊栖菜初级产品干品气囊与茎的质量比

须至自然晾晒场地或烘干场所实地评估。随机选取 5 ～ 8 个样本，手工分离各样本的气囊和茎，以样本气囊与茎质量比均值作为养殖羊栖菜初级产品干品气囊和茎质量比。

4.8.5 养殖羊栖菜初级产品干品含水量的评价

若采用烘干法，羊栖菜须在 80 ℃恒温均匀烘干，以免影响含水量评价结果。无论是采用自然晾晒法还是烘干法，均应随机选取 5 ～ 8 个样本，以样本含水量均值作为养殖羊栖菜初级产品干品含水量。

4.8.6 养殖羊栖菜初级产品与粗产品加工质量比的评价

初级产品干品以吨计，忽略加工过程中晾晒、机选与分类造成的损失。

5 养殖羊栖菜初级产品干品良级品质等级的评价标准

5.1 养殖羊栖菜初级产品干品的杂质含量

3%＜杂质质量分数≤ 5%。

5.2 养殖羊栖菜初级产品干品“特征”大气囊的囊体特征

5.2.1 棒形“特征”大气囊的囊体特征

10.0 mm ≤囊体长＜ 12.0 mm，2.5 mm ≤囊体宽＜ 3.5 mm（附图 4-4）。

5.2.2 卵形“特征”大气囊的囊体特征

8.0 mm ≤囊体长＜ 9.5 mm，2.5 mm ≤囊体宽＜ 4.5 mm（附图 4-5）。

5.2.3 混合型气囊干品特征

产品中既包含 4.2.1 部分所述的棒形气囊干品，又包含 5.2.2 部分所述的卵形气囊干品。

5.3 养殖羊栖菜初级产品干品生殖托和簇生气囊数量

有生殖托。簇生气囊 3 支。

5.4 养殖羊栖菜初级产品干品气囊和茎有无硅藻、茎的直径特征

气囊和茎无硅藻附着，1.5 mm ＜茎直径＜ 2.0 mm；气囊和茎有硅藻附着，茎直径

≥ 2.0 mm。

5.5　养殖羊栖菜初级产品干品气囊与茎的质量比

5∶5 ≤气囊∶茎< 6∶4。

5.6　养殖羊栖菜初级产品干品的含水量

13% <含水量≤ 15%。

5.7　养殖羊栖菜原材料与粗产品加工质量比

1∶0.45 <原材料∶粗产品≤ 1∶0.4。

5.8　注意事项

参照 4.8 部分的内容。

6　养殖羊栖菜初级产品干品中级品质等级的评价标准

6.1　养殖羊栖菜初级产品干品的杂质含量

杂质质量分数> 5%。

6.2　养殖羊栖菜初级产品干品"特征"大气囊的囊体特征

6.2.1　棒形"特征"大气囊的囊体特征

囊体长< 10.0 mm，囊体宽< 2.5 mm（附图 4-6）。

6.2.2　卵形"特征"大气囊的囊体特征

囊体长< 8.0 mm，囊体宽< 2.5 mm（附图 4-7）。

6.2.3　混合型气囊干品

产品中既包含 4.2.1 部分所述的棒形气囊干品，又包含 5.2.2 所述的卵形气囊干品。

6.3　养殖羊栖菜初级产品干品生殖托和簇生气囊数量

有生殖托。簇生气囊< 3 支。

6.4　养殖羊栖菜初级产品干品气囊和茎有无硅藻、茎的直径特征

气囊和茎无硅藻附着，茎直径≤ 1.5 mm；气囊和茎有硅藻附着，1.5 mm <茎直径< 2.0 mm。

6.5　养殖羊栖菜初级产品干品气囊与茎的质量比

气囊∶茎< 5∶5。

6.6 养殖羊栖菜初级产品干品的含水量

含水量＞ 15%。

6.7 养殖羊栖菜原材料与粗产品加工质量比

1∶0.40 ＜原材料∶粗产品≤ 1∶0.35。

6.8 注意事项

参照 4.8 部分的内容。

参考文献

[1] 国家技术监督局．国际单位制及其应用：GB 3100—1993[S/OL].（1993-12-27）[2012-12-13]. http://www.doc88.com/p-908977127408.html.

[2] 国家技术监督局．有关量、单位和符号的一般原则：GB 3101—1993[S/OL].（1993-12-27）[2021-03-04]. https://wenku.baidu.com/view/eee4be6af724ccbff121dd36a32d7375a517c698.html.

[3] 中华人民共和国国家质量监督检验检疫总局，中国国家标准化管理委员会．标点符号用法：GB/T 15834—2011[S/OL].（2011-12-30）[2012-12-01].

[4] 国务院．国务院关于同意宁波、温州高新技术产业开发区建设国家自主创新示范区的批复（国函〔2018〕13号）[EB/OL].（2018-02-01）[2018-02-11]. http://www.gov.cn/zhengce/content/2018-02/11/content_5265936.htm.

[5] 温州市洞头区人民政府办公室．温州市洞头区人民政府关于印发《加快推进羊栖菜产业发展工作方案》的通知（洞政办发〔2019〕41号）[EB/OL].（2019-08-13）[2019-08-14]. http://www.dongtou.gov.cn/art/2019/8/14/art_1254247_36907342.html.

附图

附图 4-1　养殖羊栖菜优级品质棒形“特征”大气囊

附图 4-2 养殖羊栖菜优级品质卵形“特征”大气囊

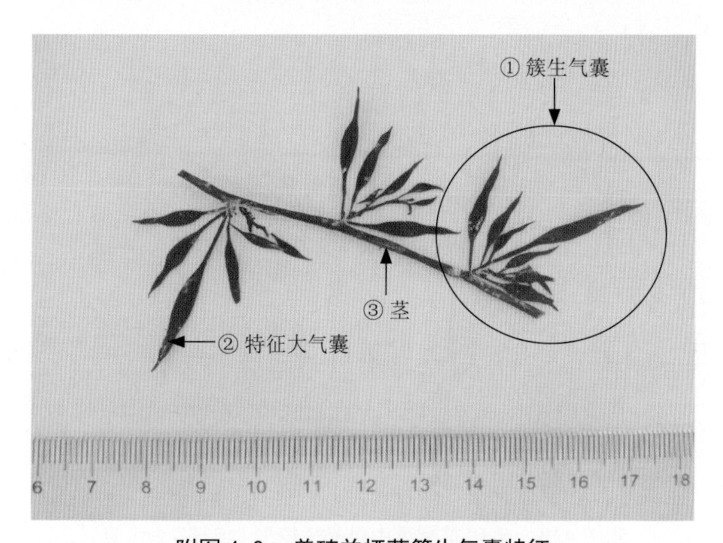

附图 4-3 养殖羊栖菜簇生气囊特征

附图 4-4 养殖羊栖菜良级品质棒形“特征”大气囊

附图 4-5　养殖羊栖菜良级品质卵形“特征”大气囊

附图 4-6　养殖羊栖菜中级品质棒形“特征”大气囊

附图 4-7　养殖羊栖菜中级品质卵形“特征”大气囊

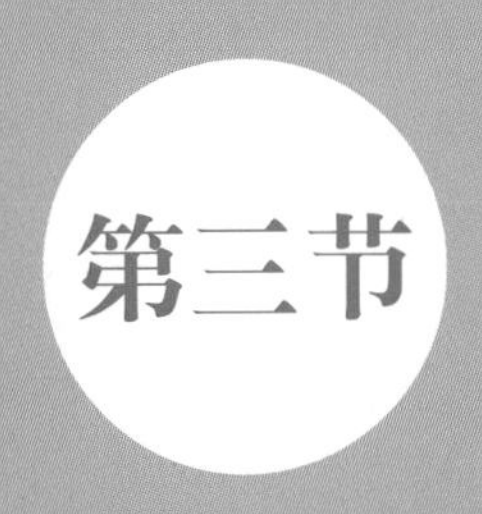

第三节 养殖羊栖菜气囊出口产品品质等级评价技术标准

Technical standards for quality grade assessment of export *Sargassum fusiforme* air-bladders

前　言

本标准根据GB/T 1.1—2009《标准化工作导则　第1部分：标准的结构和编写》、GB/T 20000—2014《标准化工作指南》和GB/T 20001—2017《标准编写规则》国家标准要求编写。

本标准由××××××单位提出。

请注意本标准的某些内容可能涉及专利，本标准的发布机构不承担识别这些专利的责任。

本标准起草单位：×××××××、×××××××。

本标准主要起草人：×××、×××、×××、×××、×××。

本标准为首次发布。

引　言

根据国家标准化要求，基于多年的羊栖菜品系分类与品质评价研究，在充分咨询科研人员、政府有关职能部门负责人和产品加工企业技术主管人员的基础上，编写了《养殖羊栖菜气囊出口产品品质等级评价技术标准》。

为适应我国产业标准化工作发展的要求，助力温州市国家自主创新示范区建设[《国务院关于同意宁波、温州高新技术产业开发区建设国家自主创新示范区的批复》（国函〔2018〕13号）]和羊栖菜产业健康发展[《温州市洞头区人民政府关于印发〈加快推进羊栖菜产业发展工作方案〉的通知》（洞政办发〔2019〕41号）]，促进我国羊栖菜气囊出口产品品质及国际市场竞争力的提高，亟须编写和实施本标准。

浙江省温州市洞头区是我国最大的羊栖菜产业基地，年养殖面积1.1万余亩，年产羊栖菜初级农产品干品7 000余吨，年出口气囊干品2 500余吨，被中国优质农产品开发服务协会评为“中国羊栖菜之乡”。温州市洞头区传统养殖的羊栖菜品系混杂、品质低，直接影响出口产品的品质及国际市场价格。近年来，我国出口至日本的羊栖菜气囊干品价格为5 500美元/吨，显著低于韩国同类产品12 000美元/吨的出口价格。随着我国优质高产羊栖菜养殖新品系选育工作的持续开展，气囊饱满、茎粗壮和具有单产优势的优良品系推广应用成效显著，气囊产品品质已超过韩国同类产品，得到了日本客商、加工企业和广大养殖户的高度认可。本标准将成为羊栖菜气囊产品品质等级评价的指南，消除羊栖菜初级产品无品质等级之分的弊端，助力气囊产品出口效益的提升，有利于羊栖菜产业健康高效发展。

本标准的制定以撰写规范化要求为基础，重点突出评价指标内容设置，为省、国家或国际建立羊栖菜气囊出口产品品质等级评价标准提供参考，提高我国羊栖菜气囊产品的美誉度和国际竞争力。

1　范围

本标准规定了养殖羊栖菜气囊出口产品典型农药残留种类与限量、典型重金属种类与限量、颜色、气囊和茎质量比例、气囊囊体形态特征、复水率和主要营养指标等内容，并附图直观说明要点和难解内容。

2　规范性引用文件

下列文件是本文件应用的支撑。凡标注日期的引用文件，仅所注日期的版本适用于本文件。未标注日期的文件，其更新版本（包括修改单）均适用于本文件。

GB 3100—1993　国际单位制及其应用（ISO 1000）

GB 3101—1993　有关量、单位和符号的一般原则（ISO 31-0）

GB/T 15834—2011　标点符号用法

GB/T 13432—2013　食品安全国家标准　预包装特殊膳食用食品标签

GB 23200.113—2018　食品安全国家标准　植物源性食品中208种农药及其代谢物残留量的测定　气相色谱－质谱联用法

GB/T 20769—2008　水果和蔬菜中450种农药及相关化学品残留量的测定　液相色谱－串联质谱法

GB 2762—2017　食品安全国家标准　食品中污染物限量

GB/Z 21922—2008　食品营养成分基本术语

GB 5009.88—2014　食品安全国家标准　食品中膳食纤维的测定

GB 5009.5—2016　食品安全国家标准　食品中蛋白质的测定

GB 5009.82—2016　食品安全国家标准　食品中维生素A、D、E的测定

GB 5009.85—2016　食品安全国家标准　食品中维生素 B_2 的测定

GB 5009.154—2016　食品安全国家标准　食品中维生素 B_6 的测定

GB 5009.86—2016　食品安全国家标准　食品中抗坏血酸的测定

GB 5009.6—2016　食品安全国家标准　食品中脂肪的测定

GB 5009.124—2016　食品安全国家标准　食品中氨基酸的测定

GB 5009.91—2017　食品安全国家标准　食品中钾、钠的测定

GB 5009.92—2016　食品安全国家标准　食品中钙的测定

GB 5009.241—2017　食品安全国家标准　食品中镁的测定

GB 5009.14—2017　食品安全国家标准　食品中锌的测定

GB 5009.90—2016　食品安全国家标准　食品中铁的测定

GB 5009.87—2016　食品安全国家标准　食品中磷的测定

GB 5009.93—2017　食品安全国家标准　食品中硒的测定

《国务院关于同意宁波、温州高新技术产业开发区建设国家自主创新示范区的批复》

（国函〔2018〕13 号）

《关于建设海洋经济发展示范区的通知》（发改地区〔2018〕1712 号）

《温州市洞头区人民政府关于印发〈加快推进羊栖菜产业发展工作方案〉的通知》（洞政办发〔2019〕41 号）

3 术语与定义

3.1 羊栖菜气囊 air-bladder of *Sargassum fusiforme*

羊栖菜气囊是叶片的变态表现形式。羊栖菜气囊使得羊栖菜叶片浮于水层，也是羊栖菜进入孢子体生长发育阶段的重要标志。羊栖菜气囊成簇着生于叶腋间，数目随着羊栖菜的生长发育不断增加，最多可达 12 支，其中包含 1 ～ 2 支总长、囊体长和囊体宽显著大于其他气囊的“特征”大气囊。羊栖菜不同品系间的“特征”大气囊形态差异显著（附图 4-8）。

3.2 羊栖菜出口产品 export product of *sargassum fusiforme*

羊栖菜出口产品指羊栖菜初级产品干品经除杂、复水、高温蒸煮、脱盐、脱重金属、囊茎分离、分离筛选、切割茎和包装等加工处理后的气囊干品（附图 4-9）和茎干品（附图 4-10）。目前，我国出口的羊栖菜干品主要为气囊干品，且不同品系气囊干品的出口价格不同。气囊囊腔大的出口价格高，气囊囊腔小的出口价格低。

3.3 品质 quality

品质指羊栖菜初级产品干品的质量。养殖羊栖菜初级产品干品品质的评判包括杂质含量、气囊囊体特征、气囊和茎质量比等评价内容。

3.4 品质等级评价 quality grade assessment

品质等级评价指根据杂质含量、气囊囊体特征、生殖托和簇生气囊数量、气囊和茎有无硅藻固着、气囊与茎质量比和含水量等品质指标对养殖羊栖菜初级产品干品进行等级划分。

3.5 农药残留 pesticide residue

农药残留泛指农业生产中施用农药后一部分农药直接或间接残存于产品及土壤和水体中的现象。羊栖菜生长发育过程中对水体中的农药具有敏感性生物吸附作用。当近岸海域受农药污染时，羊栖菜会过量吸附农药，致使藻体残留的农药超标，直接影响产品品质和食用者的健康。根据羊栖菜海洋生活环境和绿色食品卫生标准要求，本标准将近岸海域典型农药扑草净（prometryn）、特丁净（terbutryn）和霜霉威盐酸盐（propamocarb hydrochloride）3 种农药含量设定为品质等级评价内容。

3.6　重金属 heavy metal

重金属一般指密度大于 4.5 克 / 厘米^3 的金属。根据羊栖菜气囊干品的食用性，参照 GB 2762—2017《食品安全国家标准　食品中污染物限量》规定要求，本标准中特指人体生命活动非必需的金属元素铅。

3.7　色泽 color

色泽指物体呈现的颜色和光泽。羊栖菜不同生长期，干品颜色不同。孢子体干品呈浅褐色，而成熟孢子体干品呈深褐色。根据消费者对产品品质的感官需求，本标准将色泽设定为羊栖菜气囊出口产品品质等级评价指标之一。

3.8　复水率 rehydration rate

复水指干品物质重新吸收水分，恢复原状，它是干燥的逆过程。复水率指干品物质的质量与其重新吸水沥干后的质量之比。不同品系羊栖菜的复水率不同。为了科学评价羊栖菜气囊出口产品品质等级，本标准将复水率设定为羊栖菜气囊出口产品品质等级评价指标之一。

3.9　营养成分 nutrition

营养成分指供给人体生理代谢所需的碳水化合物、脂肪、蛋白质和微量元素等物质。GB 13432—2013《食品安全国家标准　预包装特殊膳食用食品标签》指出能量、蛋白质、脂肪、碳水化合物和钠可以明确标示，其他营养成分仅允许用“具体数值”的形式标示含量。为了突出羊栖菜气囊出口产品丰富的营养，本标准适当增加了钠、钾、钙、镁、锌、铁、磷、硒等营养成分。

4　羊栖菜气囊出口产品品质的等级评价

4.1　羊栖菜气囊 AAA 级出口产品的品质评价

4.1.1　羊栖菜气囊 AAA 级出口产品典型农药残留的种类与限量

养殖羊栖菜气囊出口产品典型农药残留种类包括扑草净、特丁净和霜霉威盐酸盐 3 种，其中扑草净和特丁净含量＜ 0.01 mg/kg（GB 23200.113—2018《食品安全国家标准　植物源性食品中 208 种农药及其代谢物残留量的测定　气相色谱 - 质谱联用法》），霜霉威盐酸盐含量＜ 0.01 mg/kg（GB/T 20769—2008《水果和蔬菜中 450 种农药及相关化学品残留量的测定　液相色谱 - 串联质谱法》）。

4.1.2　羊栖菜气囊 AAA 级出口产品典型重金属的种类与限量

养殖羊栖菜气囊出口产品典型重金属种类为铅，其含量≤ 1.0 mg/kg（干重计，GB 2762—2017《食品安全国家标准　食品中污染物限量》）。

4.1.3 羊栖菜气囊 AAA 级出口产品的色泽

羊栖菜气囊 AAA 级出口产品的正常色泽为黑色(附图 4-11)。若气囊产品呈黑褐色，降为 AA 级。

4.1.4 羊栖菜气囊 AAA 级出口产品气囊和混入的茎的质量比

羊栖菜气囊 AAA 级出口产品气囊与茎的质量比为 32∶1 ～ 35∶1。

4.1.5 羊栖菜气囊 AAA 级出口产品典型气囊囊体的形态参数

羊栖菜气囊 AAA 级出口产品的典型气囊囊体为棒形或卵形或棒形和卵形混合型。棒形囊体囊体长≥ 12.0 mm，宽≥ 3.5 mm；卵形囊体囊体长≥ 9.5 mm，宽≥ 4.5 mm。

4.1.6 羊栖菜气囊 AAA 级出口产品的复水率

羊栖菜气囊 AAA 级出口产品的复水率为 1∶11。

4.1.7 羊栖菜气囊 AAA 级出口产品的主要营养成分

羊栖菜气囊 AAA 级出口产品的主要营养成分见表 4-1。

表 4-1 每 100 g 羊栖菜气囊 AAA 级出口产品的主要营养成分

<table>
<tr><th>序号</th><th>时间</th><th colspan="2">名称</th><th>参考值</th><th>序号</th><th>时间</th><th colspan="2">名称</th><th>参考值</th></tr>
<tr><td>1</td><td rowspan="9">5 月初（浙闽近岸海域）</td><td colspan="2">碳水化合物</td><td>6.7 g±0.40 g</td><td rowspan="9">7</td><td rowspan="9">5 月初（浙闽近岸海域）</td><td rowspan="9">微量元素</td><td>钠</td><td>1 250 mg±35.3 mg</td></tr>
<tr><td>2</td><td colspan="2">膳食纤维</td><td>52.4 g±2.12 g</td><td>钾</td><td>4 550 mg±106.1 mg</td></tr>
<tr><td>3</td><td colspan="2">蛋白质</td><td>12.9 g±0.45 g</td><td>钙</td><td>1 430 mg±49.49 mg</td></tr>
<tr><td>4</td><td colspan="2">维生素</td><td>1.6 mg±0.19 mg</td><td>镁</td><td>5 400 mg±70.7 mg</td></tr>
<tr><td>5</td><td colspan="2">脂肪酸</td><td>1.7 g±0.23 g</td><td>锌</td><td>0.799 mg±0.021 mg</td></tr>
<tr><td rowspan="4">6</td><td rowspan="4">氨基酸</td><td>总含量</td><td>10.3 g±0.51 g</td><td>铁</td><td>206 mg±11.3 mg</td></tr>
<tr><td>谷氨酸</td><td>1.49 g±0.11 g</td><td>锰</td><td>7.4 mg±0.53 mg</td></tr>
<tr><td>天门冬氨酸</td><td>1.17 g±0.09 g</td><td>磷</td><td>169.2 mg±0.57 mg</td></tr>
<tr><td>亮氨酸</td><td>0.97 g±0.14 g</td><td>硒</td><td>0.1 mg±0.01 mg</td></tr>
</table>

注：羊栖菜所含 16 种氨基酸中尤以谷氨酸、天门冬氨酸和亮氨酸 3 种脂肪族氨基酸含量较高。碳水化合物的测定参照 GB/Z 21922—2008《食品营养成分基本术语》；膳食纤维含量检测参照采用酶重量法(GB 5009.88—2014《食品安全标准 食品膳食纤维的测定》)；蛋白质含量检测采用凯氏定氮法(GB 5009.5—2016《食品安全国家标准 食品中蛋白质的测定》)；维生素 A 含量检测采用反相高效液相色谱法(GB 5009.82—2016《食品安全国家标准 食品中维生素 A、D、E 的测定》)，维生素 B_2 含量检测采用高效液相色谱法(GB 5009.85—2016《食品安全国家标准 食品中维生素 B_2 的测定》)，维生素 B_6 含量检测采用高效液相色谱法(GB 5009.154—2016《食品安全国家标准 食品中维生素 B_6 的测定》)，维生素 C 含量检测采用高效液相色谱法(GB 5009.86—2016《食品安全国家标准 食品中抗坏血酸的测定》)，维生素 E 含量检测采用反相高效液相色谱法(GB 5009.82—2016《食品安全国家标准 食品中维生素 A、D、E 的测定》)；总脂肪含量检测采用索氏抽提法或酸水解法(GB 5009.6—2016《食品安全国家标准 食品中脂肪的测定》)；氨基酸含量检测参照氨基酸分析仪(茚三酮柱后衍生离子交换色谱仪)测定(GB 5009.124—2016《食品安全国家标准 食品中氨基酸的测定》)；钠含量检测采用火焰原子吸收光谱法、火焰原子发射光谱法或电感耦合等离子体发射光谱法(GB 5009.91—2017《食品安全国家标准 食品中钾、钠的测定》)，钾含量检测采用火焰原子吸收光谱法、火焰原子发射光谱法或电感耦合等离子体发射光谱法(GB 5009.91—2017《食品安全国家标准 食品中钾、钠的测定》)，钙含量检测采用火焰原子吸收光谱法、电感耦合等离子体发射光谱法或电感耦合等离子体质谱法(GB 5009.92—2016《食品安全国家标准 食品中钙的测定》)，镁含量

检测采用火焰原子吸收光谱法、电感耦合等离子体发射光谱法或电感耦合等离子体质谱法（GB 5009.214—2017《食品安全国家标准　食品中镁的测定》），锌含量检测采用火焰原子吸收光谱法、电感耦合等离子体发射光谱法、电感耦合等离子体质谱法或二硫腙比色法（GB 5009.14—2017《食品安全国家标准　食品中锌的测定》），铁含量检测采用火焰原子吸收光谱法、电感耦合等离子体发射光谱法和电感耦合等离子体质谱法（GB 5009.90—2016《食品安全国家标准　食品中铁的测定》），锰含量检测采用火焰原子吸收光谱法、电感耦合等离子体发射光谱法和电感耦合等离子体质谱法（GB 5009.242—2017《食品安全国家标准　食品中锰的测定》），磷含量检测采用钼蓝分光光度法和电感耦合等离子体发射光谱法（GB 5009.87—2016《食品安全国家标准　食品中磷的测定》），硒含量检测参照氢化物原子荧光光谱法、荧光分光光度法和电感耦合等离子体质谱法（GB 5009.93—2017《食品安全国家标准　食品中硒的测定》）。

4.2　羊栖菜气囊 AA 级出口产品的品质评价

4.2.1　羊栖菜气囊 AA 级出口产品残留的典型农药种类与限量

养殖羊栖菜气囊出口产品典型农药残留种类包括扑草净、特丁净和霜霉威盐酸盐 3 种，其中扑草净和特丁净含量＜ 0.01 mg/kg（GB 23200.113—2018《食品安全国家标准　植物源性食品中 208 种农药及其代谢物残留量的测定　气相色谱－质谱联用法》），霜霉威盐酸盐含量＜ 0.01 mg/kg（GB/T 20769—2008《水果和蔬菜中 450 种农药及相关化学品残留量的测定　液相色谱－串联质谱法》）。

4.2.2　羊栖菜气囊 AA 级出口产品典型重金属的种类与限量

羊栖菜气囊出口产品典型重金属种类为铅，其含量≤ 1.0 mg/kg（干重计，GB 2762—2017《食品安全国家标准　食品中污染物限量》）。

4.2.3　羊栖菜气囊 AA 级出口产品的色泽

羊栖菜气囊 AA 级出口产品的正常色泽为黑色（附图 4-12）。若气囊产品呈黑褐色，降为 A 级。

4.2.4　羊栖菜气囊 AA 级出口产品气囊与混入的茎的质量比

羊栖菜气囊 AA 级出口产品的气囊与茎的质量比为 22∶1 ～ 25∶1。

4.2.5　羊栖菜气囊 AA 级出口产品典型气囊囊体的形态参数

羊栖菜气囊 AA 级出口产品的典型气囊囊体为棒形或卵形或棒形和卵形混合型。棒形囊体：10.0 mm ≤囊体长＜ 12.0 mm，2.5 mm ≤囊体宽＜ 3.5 mm；卵形囊体：8.0 mm ≤囊体长＜ 9.5 mm，2.5 mm ≤囊体宽＜ 4.5 mm。

4.2.6　羊栖菜气囊 AA 级出口产品的复水率

羊栖菜气囊 AA 级出口产品的复水率为 1∶10.5。

4.2.7　羊栖菜气囊 AA 级出口产品中的主要营养成分

羊栖菜气囊 AA 级出口产品的主要营养成分见表 4-2。

表 4-2　每 100 g 羊栖菜气囊 AA 级出口产品的主要营养成分

序号	时间	名称		参考值	序号	时间	名称		参考值
1	5 月初（浙闽近岸海域）	碳水化合物		6.2 g±0.41 g	7	5 月初（浙闽近岸海域）	微量元素	钠	1 300 mg±35.5 mg
2		膳食纤维		52.9 g±2.22 g				钾	4 700 mg±100.17 mg
3		蛋白质		12.6 g±0.46 g				钙	1 500 mg±49.97 mg
4		维生素		2.2 mg±0.19 mg				镁	5 500 mg±70.17 mg
5		脂肪酸		1.7 g±0.26 g				锌	0.77 mg±0.041 mg
6		氨基酸	总含量	9.6 g±0.52 g				铁	190 mg±11.34 mg
			谷氨酸	1.4 g±0.12 g				锰	6.65±0.533 mg
			天门冬氨酸	1.1 g±0.10 g				磷	170 mg±0.55 mg
			亮氨酸	0.9 g±0.15 g				硒	0.10 mg±0.01 mg

注：羊栖菜所含 16 种氨基酸中尤以谷氨酸、天门冬氨酸和亮氨酸 3 种脂肪族氨基酸含量较高。碳水化合物的测定参照 GB/Z 21922—2008《食品营养成分基本术语》；膳食纤维含量检测参照采用酶重量法（GB 5009.88—2014《食品安全标准　食品膳食纤维的测定》）；蛋白质含量检测采用凯氏定氮法（GB 5009.5—2016《食品安全国家标准　食品中蛋白质的测定》）；维生素 A 含量检测采用反相高效液相色谱法（GB 5009.82—2016《食品安全国家标准　食品中维生素 A、D、E 的测定》），维生素 B_2 含量检测采用高效液相色谱法（GB 5009.85—2016《食品安全国家标准　食品中维生素 B_2 的测定》），维生素 B_6 含量检测采用高效液相色谱法（GB 5009.154—2016《食品安全国家标准　食品中维生素 B_6 的测定》），维生素 C 含量检测采用高效液相色谱法（GB 5009.86—2016《食品安全国家标准　食品中抗坏血酸的测定》），维生素 E 含量检测采用反相高效液相色谱法（GB 5009.82—2016《食品安全国家标准　食品中维生素 A、D、E 的测定》）；总脂肪含量检测采用索氏抽提法或酸水解法（GB 5009.6—2016《食品安全国家标准　食品中脂肪的测定》）；氨基酸含量检测参照氨基酸分析仪（茚三酮柱后衍生离子交换色谱仪）测定（GB 5009.124—2016《食品安全国家标准　食品中氨基酸的测定》）；钠含量检测采用火焰原子吸收光谱法、火焰原子发射光谱法或电感耦合等离子体发射光谱法（GB 5009.91—2017《食品安全国家标准　食品中钾、钠的测定》），钾含量检测采用火焰原子吸收光谱法、火焰原子发射光谱法或电感耦合等离子体发射光谱法（GB 5009.91—2017《食品安全国家标准　食品中钾、钠的测定》），钙含量检测采用火焰原子吸收光谱法、电感耦合等离子体发射光谱法或电感耦合等离子体质谱法（GB 5009.92—2016《食品安全国家标准　食品中钙的测定》），镁含量检测采用火焰原子吸收光谱法、电感耦合等离子体发射光谱法或电感耦合等离子体质谱法（GB 5009.214—2017《食品安全国家标准　食品中镁的测定》），锌含量检测采用火焰原子吸收光谱法、电感耦合等离子体发射光谱法、电感耦合等离子体质谱法或二硫腙比色法（GB 5009.14—2017《食品安全国家标准　食品中锌的测定》），铁含量检测采用火焰原子吸收光谱法、电感耦合等离子体发射光谱法和电感耦合等离子体质谱法（GB 5009.90—2016《食品安全国家标准　食品中铁的测定》），锰含量检测采用火焰原子吸收光谱法、电感耦合等离子体发射光谱法和电感耦合等离子体质谱法（GB 5009.242—2017《食品安全国家标准　食品中锰的测定》），磷含量检测采用钼蓝分光光度法和电感耦合等离子体发射光谱法（GB 5009.87—2016《食品安全国家标准　食品中磷的测定》），硒含量检测参照氢化物原子荧光光谱法、荧光分光光度法和电感耦合等离子体质谱法（GB 5009.93—2017《食品安全国家标准　食品中硒的测定》）。

4.3　羊栖菜气囊 A 级出口产品的品质评价

4.3.1　羊栖菜气囊 A 级出口产品残留的典型农药种类与限量

养殖羊栖菜气囊出口产品残留典型农药种类包括扑草净、特丁净和霜霉威盐酸盐 3 种，其中扑草净和特丁净含量＜ 0.01 mg/kg（GB 23200.113—2018《食品安全国家标准　植物源性食品中 208 种农药及其代谢物残留量的测定　气相色谱 - 质谱联用法》），霜霉威盐酸盐含量＜ 0.01 mg/kg（GB/T 20769—2008《水果和蔬菜中 450 种农药及相关化学品残留量的测定　液相色谱 - 串联质谱法》）。

4.3.2　羊栖菜气囊A级出口产品典型重金属的种类与限量

养殖羊栖菜气囊出口产品典型重金属种类为铅，其含量≤ 1.0 mg/kg（干重计，GB 2762—2017《食品安全国家标准　食品中污染物限量》）。

4.3.3　羊栖菜气囊A级出口产品的色泽

羊栖菜气囊A级出口产品的正常色泽为黑色（附图4-13）。若气囊产品呈黑褐色，降为差级。

4.3.4　羊栖菜气囊A级出口产品气囊与混入的茎的质量比

羊栖菜气囊A级出口产品气囊与茎的质量比5∶1～6∶1。

4.3.5　羊栖菜气囊A级出口产品典型气囊囊体的形态参数

羊栖菜气囊A级出口产品的典型气囊囊体为棒形或卵形或棒形和卵形混合型。棒形囊体：囊体长＜ 10.0 mm，宽＜ 2.5 mm；卵形囊体：囊体长＜ 8.0 mm，宽＜ 2.5 mm。

4.3.6　羊栖菜气囊A级出口产品的复水率

羊栖菜气囊A级出口产品的复水率为1∶10。

4.3.7　羊栖菜气囊A级出口产品的主要营养成分

羊栖菜气囊A级出口产品的主要营养成分见表4-3。

表4-3　每100 g羊栖菜气囊A级出口产品的主要营养成分

<table>
<tr><th>序号</th><th>时间</th><th colspan="2">名称</th><th>参考值</th><th>序号</th><th>时间</th><th colspan="2">名称</th><th>参考值</th></tr>
<tr><td>1</td><td rowspan="9">5月初（浙闽近岸海域）</td><td colspan="2">碳水化合物</td><td>7.0 g±0.35 g</td><td rowspan="9">7</td><td rowspan="9">5月初（浙闽近岸海域）</td><td rowspan="9">微量元素</td><td>钠</td><td>770 mg±45.59 mg</td></tr>
<tr><td>2</td><td colspan="2">膳食纤维</td><td>56.3 g±3.12 g</td><td>钾</td><td>769 mg±30.30 mg</td></tr>
<tr><td>3</td><td colspan="2">蛋白质</td><td>12.0 g±0.44 g</td><td>钙</td><td>800 mg±14.11 mg</td></tr>
<tr><td>4</td><td colspan="2">维生素</td><td>5.3 mg±0.58 mg</td><td>镁</td><td>370 mg±10.21 mg</td></tr>
<tr><td>5</td><td colspan="2">脂肪酸</td><td>2.8 g±0.51 g</td><td>锌</td><td>0.94 mg±0.031 mg</td></tr>
<tr><td rowspan="4">6</td><td rowspan="4">氨基酸</td><td>总含量</td><td>10.6 g±0.32 g</td><td>铁</td><td>22.7 mg±1.56 mg</td></tr>
<tr><td>谷氨酸</td><td>1.26 g±0.19 g</td><td>锰</td><td>1.12 mg±0.047 mg</td></tr>
<tr><td>天门冬氨酸</td><td>0.98 g±0.06 g</td><td>磷</td><td>99 mg±0.56 mg</td></tr>
<tr><td>亮氨酸</td><td>0.69 g±0.17 g</td><td>硒</td><td>0.006 mg±0.001 mg</td></tr>
</table>

注：羊栖菜所含16种氨基酸中尤以谷氨酸、天门冬氨酸和亮氨酸3种脂肪族氨基酸含量较高。碳水化合物的测定参照GB/Z 21922—2008《食品营养成分基本术语》；膳食纤维含量检测参照采用酶重量法（GB 5009.88—2014《食品安全标准　食品膳食纤维的测定》）；蛋白质含量检测采用凯氏定氮法（GB 5009.5—2016《食品安全国家标准　食品中蛋白质的测定》）；维生素A含量检测采用反相高效液相色谱法（GB 5009.82—2016《食品安全国家标准　食品中维生素A、D、E的测定》），维生素B_2含量检测采用高效液相色谱法（GB 5009.85—2016《食品安全国家标准　食品中维生素B_2的测定》），维生素B_6含量检测采用高效液相色谱法（GB 5009.154—2016《食品安全国家标准　食品中维生素B_6的测定》），维生素C含量检测采用高效液相色谱法（GB 5009.86—2016《食品安全国家标准　食品中抗坏血酸的测定》），维生素E含量检测采用反相高效液相色谱法（GB 5009.82—2016《食品安全国家标准　食品中维生素A、D、E的测定》）；总脂肪含量检测采用索氏抽提法或酸水解法（GB 5009.6—2016《食品安全国家标准　食品中脂肪的测定》）；氨基酸含量检测参照

氨基酸分析仪(茚三酮柱后衍生离子交换色谱仪)测定(GB 5009.124—2016《食品安全国家标准　食品中氨基酸的测定》);钠含量检测采用火焰原子吸收光谱法、火焰原子发射光谱法或电感耦合等离子体发射光谱法(GB 5009.91—2017《食品安全国家标准　食品中钾、钠的测定》),钾含量检测采用火焰原子吸收光谱法、火焰原子发射光谱法或电感耦合等离子体发射光谱法(GB 5009.91—2017《食品安全国家标准　食品中钾、钠的测定》),钙含量检测采用火焰原子吸收光谱法、电感耦合等离子体发射光谱法或电感耦合等离子体质谱法(GB 5009.92—2016《食品安全国家标准　食品中钙的测定》),镁含量检测采用火焰原子吸收光谱法、电感耦合等离子体发射光谱法或电感耦合等离子体质谱法(GB 5009.214—2017《食品安全国家标准　食品中镁的测定》),锌含量检测采用火焰原子吸收光谱法、电感耦合等离子体发射光谱法、电感耦合等离子体质谱法或二硫腙比色法(GB 5009.14—2017《食品安全国家标准　食品中锌的测定》),铁含量检测采用火焰原子吸收光谱法、电感耦合等离子体发射光谱法和电感耦合等离子体质谱法(GB 5009.90—2016《食品安全国家标准　食品中铁的测定》),锰含量检测采用火焰原子吸收光谱法、电感耦合等离子体发射光谱法和电感耦合等离子体质谱法(GB 5009.242—2017《食品安全国家标准　食品中锰的测定》),磷含量检测采用钼蓝分光光度法和电感耦合等离子体发射光谱法(GB 5009.87—2016《食品安全国家标准　食品中磷的测定》),硒含量检测参照氢化物原子荧光光谱法、荧光分光光度法和电感耦合等离子体质谱法(GB 5009.93—2017《食品安全国家标准　食品中硒的测定》)。

参考文献

[1] 国家技术监督局. 国际单位制及其应用:GB 3100—1993[S/OL].(1993-12-27)[2012-12-13]. http://www.doc88.com/p-908977127408.html.

[2] 国家技术监督局. 有关量、单位和符号的一般原则:GB 3101—1993[S/OL].(1993-12-27)[2021-03-04]. https://wenku.baidu.com/view/eee4be6af724ccbff121dd36a32d7375a517c698.html.

[3] 中华人民共和国国家质量监督检验检疫总局,中国国家标准化管理委员会. 标点符号用法:GB/T 15834—2011[S/OL].(2011-12-30)[2012-12-01].

[4] 中华人民共和国国家卫生健康委员会,中华人民共和国农业农村部,国家市场监督管理总局. 食品安全国家标准 植物源性食品中 208 种农药及其代谢物残留量的测定 气相色谱-质谱联用法:GB 23200.113—2018[S/OL].(2018-06-21)[2018-10-17]. https://max.book118.com/html/2018/1016/5204301133001322.shtm.

[5] 中华人民共和国国家质量监督检验检疫总局,中国国家标准化管理委员会. 水果和蔬菜中 450 种农药及相关化学品残留量的测定 液相色谱-串联质谱法:GB/T 20769—2008[S/OL].(2008-12-31)[2021-06-03].

[6] 中华人民共和国国家卫生和计划生育委员会,国家食品药品监督管理总局. 食品中污染物限量:GB 2762—2017[S/OL].(2017-03-17)[2018-05-29]. https://max.book118.com/html/2018/0529/169359533.shtm.

[7] 中华人民共和国国家卫生和计划生育委员会. 食品安全国家标准 食品中膳食纤维的测定:GB 5009.88—2014[S/OL].(2015-09-21)[2016-04-02]. https://max.book118.com/html/2016/0326/38801004.shtm.

[8] 中华人民共和国国家卫生和计划生育委员会,国家食品药品监督管理总局. 食品安全国家标准 食品中蛋白质的测定:GB 5009.5—2016[S/OL].(2016-12-23)[2019-04-21]. https://max.book118.com/html/2019/0421/6242115011002024.shtm.

[9] 中华人民共和国国家卫生和计划生育委员会,国家食品药品监督管理总局. 食品安全国家标准 食品中维生素 A、D、E 的测定:GB 5009.82—2016[S/OL].(2016-12-23)[2017-01-10]. http://www.doc88.com/p-1146349139836.html.

[10] 中华人民共和国国家卫生和计划生育委员会,国家食品药品监督管理总局.食品安全国家标准 食品中维生素 B_2 的测定:GB 5009.85—2016 [S/OL].(2016-12-23)[2017-01-10]. http://www.doc88.com/p-7784985795183.html.

[11] 中华人民共和国国家卫生和计划生育委员会,国家食品药品监督管理总局.食品安全国家标准 食品中维生素 B_6 的测定:GB 5009.154—2016 [S/OL].(2016-12-23)[2018-10-24]. https://max.book118.com/html/2018/1024/8043017013001130.shtm.

[12] 中华人民共和国国家卫生和计划生育委员会.食品安全国家标准 食品中抗坏血酸的测定:GB 5009.86—2016 [S/OL].(2016-08-31)[2019-10-13]. https://max.book118.com/html/2019/1013/7126153014002063.shtm.

[13] 中华人民共和国国家卫生和计划生育委员会,国家食品药品监督管理总局.食品安全国家标准 食品中脂肪的测定:GB 5009.6—2016[S/OL].(2016-12-13)[2018-12-13]. https://max.book118.com/html/2018/1213/6240205045001235.shtm.

[14] 中华人民共和国国家卫生和计划生育委员会,国家食品药品监督管理总局.食品安全国家标准 食品中氨基酸的测定:GB 5009.124—2016[S/OL].(2017-06-23)[2019-09-19]. http://www.doc88.com/p-6768730572047.html.

[15] 中华人民共和国国家卫生和计划生育委员会,国家食品药品监督管理总局.食品安全国家标准 食品中钾、钠的测定:GB 5009.91—2017[S/OL].(2017-04-06)[2017-04-15]. http://www.doc88.com/p-1681301090688.html.

[16] 中华人民共和国国家卫生和计划生育委员会,国家食品药品监督管理总局.食品安全国家标准 食品中钙的测定:GB 5009.92—2016[S/OL].(2016-12-23)[2017-01-10]. http://www.doc88.com/p-9919617967899.html.

[17] 中华人民共和国国家卫生和计划生育委员会,国家食品药品监督管理总局.食品安全国家标准 食品中镁的测定:GB 5009.241—2017[S/OL].(2017-04-06)[2018-07-14]. https://www.doc88.com/p-5949107442920.html.

[18] 中华人民共和国国家卫生和计划生育委员会,国家食品药品监督管理总局.食品安全国家标准 食品中锌的测定:GB 5009.14—2017[S/OL].(2017-04-06)[2019-11-15]. http://www.zgmkw.com/doc-18025.html.

[19] 中华人民共和国国家卫生和计划生育委员会,国家食品药品监督管理总局.食品安全国家标准 食品中铁的测定:GB 5009.90—2016[S/OL].(2016-12-23)[2017-01-10]. http://www.doc88.com/p-1146349139743.html.

[20] 中华人民共和国国家卫生和计划生育委员会,国家食品药品监督管理总局.食品安全国家标准 食品中锰的测定:GB 5009.242—2017[S/OL](2017-04-06)[2017-04-15][2017-10-16]. http://www.doc88.com/p-8738618101753.html.

[21] 中华人民共和国国家卫生和计划生育委员会,国家食品药品监督管理总局.食品安全国家标准 食品中磷的测定:GB 5009.87—2016[S/OL].(2016-12-23)[2017-01-10]. http://www.doc88.com/p-9919617967814.html.

[22] 中华人民共和国国家卫生和计划生育委员会,国家食品药品监督管理总局.食品安全国家标准 食品中硒的测定:GB 5009.93—2017[S/OL].(2017-04-06)[2017-04-15]. http://www.doc88.com/p-9357409010357.html.

[23] 国务院．国务院关于同意宁波、温州高新技术产业开发区建设国家自主创新示范区的批复(国函〔2018〕13号)[EB/OL](2018-02-01)[2018-02-11]. http://www.gov.cn/zhengce/content/2018-02/11/content_5265936.htm.

[24] 国家发展改革委，自然资源部．关于建设海洋经济发展示范区的通知(发改地区〔2018〕1712号)[S/OL].(2018-11-23)[2018-11-23]. https://zfxxgk.ndrc.gov.cn/web/iteminfo.jsp?id=15955.

[25] 温州市洞头区人民政府办公室．温州市洞头区人民政府关于印发《加快推进羊栖菜产业发展工作方案》的通知(洞政办发〔2019〕41号)[EB/OL].(2019-08-13)[2019-08-14]. http://www.dongtou.gov.cn/art/2019/8/14/art_1254247_36907342.html.

附图

附图 4-8　羊栖菜不同品系"特征"大气囊形态比较

附图 4-9　羊栖菜气囊干品出口产品形态

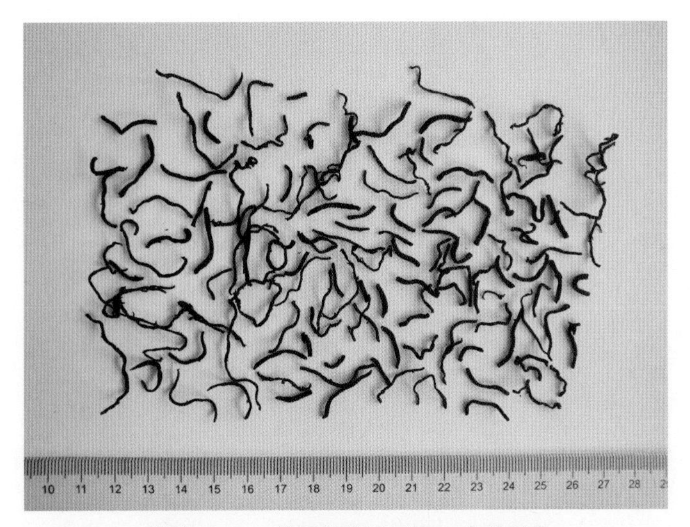

附图 4-10　羊栖菜茎干品出口产品形态

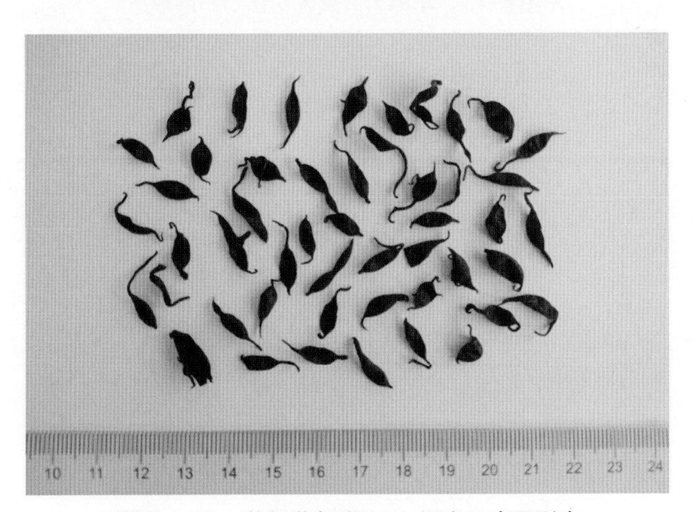

附图 4-11　羊栖菜气囊 AAA 级出口产品形态

附图 4-12　羊栖菜气囊 AA 级出口产品形态

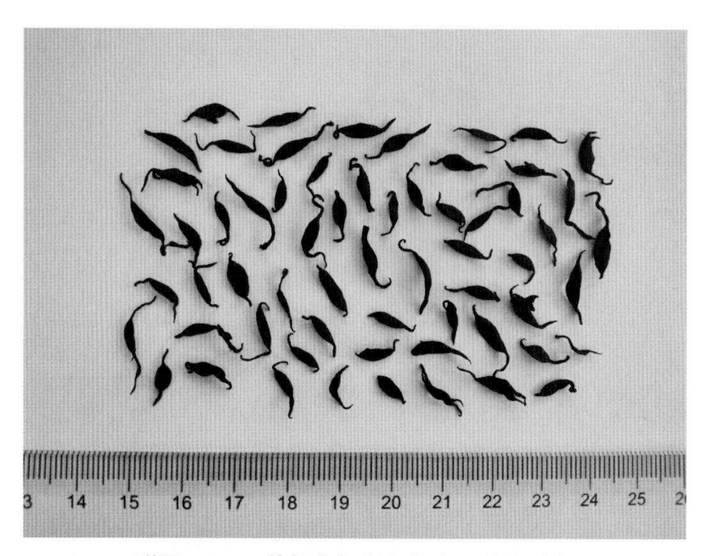

附图 4-13　羊栖菜气囊 A 级出口产品形态

第五章

羊栖菜产品加工工艺及高值物质制备标准

本章内容

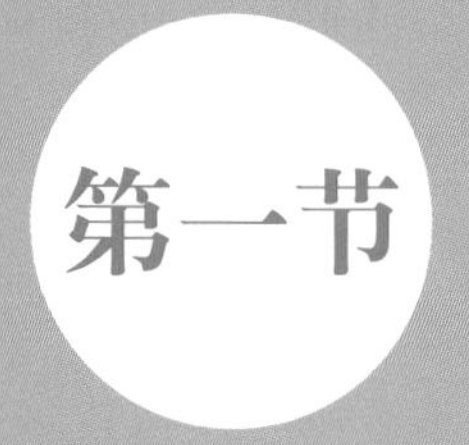

即食羊栖菜加工工艺

Processing technology of instant *Sargassum fusiforme*

前　言

本标准依据 GB/T 1.1—2009《标准化工作导则　第 1 部分：标准的结构和编写》、GB/T 20000—2014《标准化工作指南》和 GB/T 20001—2017《标准编写规则》国家标准要求起草。

本标准由 ×××××× 单位提出。

请注意本标准的某些内容可能涉及专利，本标准的发布机构不承担识别这些专利的责任。

本标准起草单位：××××××、××××××。

本标准主要起草人：×××、×××、×××。

本标准为首次发布。

引　言

根据国家标准化工作要求，在充分咨询科研院所专业研究人员和羊栖菜产品加工企业技术人员及实地考察基础上，针对原料、加工流程、检测、包装、运输和抽检等生产要素，系统地编写了《即食羊栖菜加工工艺》。

为适应我国产业标准化工作发展的要求，助力温州市国家自主创新示范区建设［《国务院关于同意宁波、温州高新技术产业开发区建设国家自主创新示范区的批复》（国函〔2018〕13 号）］，加快羊栖菜产业健康发展［《温州市洞头区人民政府关于印发〈加快推进羊栖菜产业发展工作方案〉的通知》（洞政办发〔2019〕41 号）］，促进产业提质增效，亟须编写和实施本标准，更好地发挥本标准的实践指导作用。

浙江省温州市洞头区是我国最大的羊栖菜产业基地，年养殖面积 1.1 万亩，年产鲜羊栖菜 70 000 余吨，2003 年 11 月被中国优质农产品开发服务协会评为“中国羊栖菜之乡”。温州市洞头区养殖羊栖菜 90% 以上以小袋包装的干品形式外销日本和韩国。国内市场中羊栖菜主要以小袋包装鲜辣即食产品为主。受羊栖菜特有的气味和人们的饮食习惯影响，国内销售仅限于四川、湖南、湖北、河南和河北等省份。目前，羊栖菜产业的发展受到市场，特别是外贸市场规模的限制。因此，拓展国内羊栖菜市场，实现国内国外销售双循环，是地方政府亟待解决的问题。保障和提升国内主推的即食羊栖菜小袋包装产品质量，是助推羊栖菜产业提质增效和可持续健康发展的现实需求。

本标准的制定以标准撰写规范化要求为基础，为市、省、国家高品质即食羊栖菜产品品质评价标准的制定提供参考，以期提升即食羊栖菜产品的国内市场影响力。

1　范围

本标准规定了即食羊栖菜加工工艺相关术语，加工基本要求、技术路线、实验方法，产品检测规则、包装、杀菌、标签、贮存、运输等内容。

本标准适用于以未长生殖托的鲜羊栖菜为原料，制成开袋即可食用的羊栖菜产品——即食羊栖菜的加工过程。

2 规范性引用文件

下列文件是本文件应用的支撑。凡标注日期的引用文件，仅所注日期的版本适用于本文件。未标注日期的文件，其更新版本（包括修改单）均适用于本文件。

GB 3100—1993 国际单位制及其应用（ISO 1000）

GB 3101—1993 有关量、单位和符号的一般原则（ISO 31-0）

GB/T 15834—2011 标点符号用法

GB/T 27341—2009 危害分析与关键控制点（HACCP）体系 食品生产企业通用要求

GB/T 22004—2007 食品安全管理体系 GB/T 22000—2006 的应用指南

GB/T 27304—2008 食品安全管理体系 水产品加工企业要求

GB 14881—2013 食品安全国家标准 食品生产通用卫生规范

GB 19643—2016 食品安全国家标准 藻类及其制品

GB 29921—2013 食品安全国家标准 食品中致病菌限量

GB 5749—2006 中华人民共和国卫生行业标准 生活饮用水卫生标准

GB 2721—2015 食品安全国家标准 食用盐

GB 5009.3—2016 食品安全国家标准 食品中水分的测定

SC/T 3011—2001 水产品中盐分的测定

GB 23200.113—2018 食品安全国家标准 植物源性食品中 208 种农药及其代谢物残留量的测定 气相色谱 - 质谱联用法

GB/T 20769—2008 水果和蔬菜中 450 种农药及相关化学品残留量的测定 液相色谱 - 串联质谱法

GB 5009.12—2017 食品安全国家标准 食品中铅的测定

GB 2762—2017 食品安全国家标准 食品中污染物限量

GB 5009.28—2016 食品安全国家标准 食品中苯甲酸、山梨酸和糖精钠的测定

GB 1886.224—2016 食品安全国家标准 食品添加剂 日落黄铝色淀

GB 5009.35—2016 食品安全国家标准 食品中合成着色剂的测定

GB 4789.2—2016 食品安全国家标准 食品微生物学检验 菌落总数测定

GB 4789.3—2016 食品安全国家标准 食品微生物学检验 大肠菌群计数

GB 4789.15—2016 食品安全国家标准 食品微生物学检验 霉菌和酵母计数

GB 4789.4—2016 食品安全国家标准 食品微生物学检验 沙门氏菌检验

GB 4789.7—2013 食品安全国家标准 食品微生物学检验 副溶血性弧菌检验

GB 4789.10—2016 食品安全国家标准 食品微生物学检验 金黄色葡萄球菌检验

GB 4806.7—2016 食品安全国家标准 食品接触用塑料材料及制品

GB/T 10786—2006 罐头食品的检验方法

JJF 1070—2018 定量包装商品净含量计量检验规则

GB/T 6543—2008 运输包装用单瓦楞纸箱和双瓦楞纸箱

GB 7718—2011 食品安全国家标准 预包装特殊膳食用食品标签

GB/T 13432—2013 食品安全国家标准 预包装食品标签通则

GB 28050—2011 食品安全国家标准 预包装食品营养标签通则

SC/T 3016—2004 水产品抽样方法

中华人民共和国国家质量监督检验检疫总局令 第75号(2005)《定量包装商品计量监督管理办法》

3 术语与定义

3.1 鲜羊栖菜 fresh *Sargassum fusiforme*

鲜羊栖菜指新鲜的羊栖菜枝状体。本标准中鲜羊栖菜特指仅具有假根、茎、叶、气囊，尚未发育出生殖托的鲜藻体。

3.2 生殖托 receptacle

羊栖菜雌雄异株，雌株生长雌生殖托，雄株生长雄生殖托。生殖托生长于簇生气囊的叶腋间，分托体、托茎或营养枝等结构。生殖托托体呈棒状，表面分布有褐色的圆形生殖窝，近托茎部位的生殖窝分布数量较少。每年4月初，羊栖菜成熟孢子体上少量生殖托开始萌发；至4月中旬，生殖托普遍开始萌发；至5月初，近20%的生殖托进入成熟期发育阶段；至5月中旬，近45%的生殖托进入成熟期发育阶段。随着羊栖菜有性生殖的发生及藻体侧生枝的逐渐流失，处于成熟期的生殖托数量显著减少。成熟前期至中期，雌生殖托托体长0.8～3.3 cm，雄生殖托托体长2.5～8.3 cm，此期间雄生殖托托体长度普遍大于雌性生殖托。成熟后期，雌、雄生殖托托体形态差异不显著，雌、雄生殖托托体最大长度均可达12.5 cm。此外，羊栖菜幼孢子体也会萌发生殖托，可进行有性生殖产生幼胚。同时，存在叶尖着托或托尖着叶等特殊现象。

3.3 鲜羊栖菜品质 the quality of the fresh *Sargassum fusiforme*

鲜羊栖菜品质指鲜羊栖菜的质量，其评判主要依据杂质含量、藻体生物学特征和铅含量等内容。

3.4 色泽 color

鲜羊栖菜色泽指藻体呈现出的颜色和光泽。羊栖菜不同生长期，藻体颜色不同。孢子体呈浅褐色，而成熟孢子体呈深褐色。根据消费者对产品品质的感官需求，本标准将色泽设定为鲜羊栖菜品质等级评价内容。

3.5 农药残留 pesticide residue

农药残留泛指农业生产中施用农药后一部分农药直接或间接残存于产品及土壤和水体中的现象。羊栖菜生长发育过程中对水体中的农药具有敏感性生物吸附作用。当近岸海域受农药污染时，羊栖菜会过量吸附农药，致使藻体残留的农药超标，直接影响产品品质和食用者的健康。根据羊栖菜海洋生活环境和绿色食品卫生标准要求，本标准将近岸海域典型农药扑草净（prometryn）、特丁净（terbutryn）和霜霉威盐酸盐（propamocarb hydrochloride）3 种农药含量设定为品质等级评价内容。

3.6 重金属 heavy metal

重金属一般指密度大于 4.5 克 / 厘米 ^{3} 的金属。根据羊栖菜气囊干品的食用性，参照 GB 2762—2017《食品安全国家标准　食品中污染物限量》规定要求，本标准中特指人体生命活动非必需的金属元素铅。

3.7 即食羊栖菜 instant *Sargassum fusiforme*

以鲜羊栖菜藻体为材料，通过一定加工工艺制成的开袋即可食用的羊栖菜产品。

4 基本条件

4.1 研发资质

生产企业应具有市级及以上藻类食品加工资质的研发中心和研发团队或拥有同等资质的战略合作研发团队，内设质检部门，能够保障加工工艺符合国家现行各类标准要求。

4.2 生产人员与场地

生产人员、环境、车间和设施应符合 GB/T 27304—2008《食品安全管理体系　水产品加工企业要求》的规定。包装车间洁净度应达到 30 万级，整体卫生条件应符合 GB/T 27341—2009《危害分析与关键特点（HACCP）体系　食品生产企业通用要求》和 GB 14881—2013《食品安全国家标准　食品生产通用卫生规范》的规定。

4.3 生产工艺与设备

4.3.1 生产工艺

生产企业应具有清洗、切割、热烫、冷却、脱水、调味、灌装、杀菌、包装、金探和抽样检测等一系列成熟的生产工艺。

4.3.2 生产设备

生产企业应具备自动清洗、离心脱水、自动灌装和流水式杀菌等生产设备，微生物检测与鉴定仪器与设备，计量仪器，以及水分、盐分、染料、重金属等检测仪器与设备。

4.4 鲜羊栖菜

4.4.1 色泽

鲜羊栖菜呈浅褐色，黏滑，具特有的气味。簇生气囊叶腋处无生殖托。茎、叶片和气囊表皮无腐烂脱落迹象。

4.4.2　杂质

羊栖菜干净，无淤泥附着，无干草、木棒、塑料绳、泡沫、石子、生活垃圾等。杂质质量分数≤ 1%（鲜重），须符合 GB 19643—2016《藻类及其制品》的规定。

4.4.3　微生物

微生物菌落总数符合 GB 29921—2013《食品安全国家标准　食品中致病菌限量》的规定。

4.4.4　亚硝酸盐

鲜羊栖菜的亚硝酸盐含量应≤ 20 mg/kg。

4.4.5　贮存

超过日加工量的鲜羊栖菜必须置于冷库（≤ −10 ℃）中贮存。冷库贮存鲜羊栖菜的盐分≤ 10%。

4.5　热烫

羊栖菜枝状体在 100 ℃沸水中的热烫时间为 18 ～ 20 s。

4.6　辅料

生产用水质应符合 GB 5749—2006《生活饮用水卫生标准》的规定。食用盐质量应符合 GB 2721—2015《食用盐》的规定，添加量 10%～ 15%。食品添加剂使用种类与用量应符合食品添加剂使用相关标准规定。

4.7　化学指标与检测

4.7.1　鲜羊栖菜主要化学指标与检测标准

鲜羊栖菜中水分、盐分、扑草净和特丁净、霜霉威盐酸盐、铅的限量标准和检测标准详见表 5-1。

表 5-1　鲜羊栖菜主要化学指标与检测标准

序号	成分	限量标准	检测标准
1	水分（鲜重计）	≤ 92%	GB 5009.3—2016
2	盐分（干重计）	8%≤盐分≤ 10%	SC/T 3011—2001
3	扑草净和特丁净（干重计）	≤ 0.01 mg/kg	GB 23200.113—2018
4	霜霉威盐酸盐（干重计）	$\leq 2\times10^{-5}$ mg/kg	GB/T 20769—2008
5	铅（干重计）	≤ 1.0 mg/kg	GB 5009.12—2017

除上述化学成分外，污染物限量应符合 GB 2762—2017《食品安全国家标准　食品中

污染物限量》的规定。

4.7.2 食品添加剂与合成着色剂种类、限量与检测标准

羊栖菜即食产品禁用食品添加剂包括苯甲酸及其钠盐、山梨酸及其钾盐、糖精钠、日落黄、考马斯亮蓝 5 种，其检测标准详见表 5-2。

表 5-2 禁用食品添加剂种类、限量与检测标准

序号	名称	限量标准	检测标准
1	苯甲酸及其钠盐（以苯甲酸计）	不得检出	GB 5009.28—2016
2	山梨酸及其钾盐（以山梨酸计）	不得检出	GB 5009.28—2016
3	糖精钠	不得检出	GB 5009.28—2016
4	日落黄	不得检出	GB 1886.224—2016
5	考马斯亮蓝	不得检出	GB 5009.35—2016

除上述禁用食品添加剂与合成着色剂外，其他食品添加剂的使用应符合食品添加剂使用相关标准规定。

4.7.3 微生物种类、限量与检测标准

羊栖菜即食产品的微生物检测内容主要包括菌落总数以及大肠菌群、霉菌和酵母、沙门氏菌、副溶血性弧菌、金黄色葡萄球菌的菌落数，其采样方案与限量、检测标准详见表 5-3。

表 5-3 即食羊栖菜产品的微生物种类、限量与检测标准

序号	名称	采样方案与限量				检测标准
		n	c	m	M	
1	菌落总数（CFU/g）	5	2	1 000	10 000	GB 4789.2—2016
2	大肠菌群（CFU/g）	5	1	20	30	GB 4789.3—2016
3	霉菌和酵母（CFU/g）	≤ 20				GB 4789.15—2016
4	沙门氏菌（CFU/25 g）	5	0	0	—	GB 4789.4—2016
5	副溶血性弧菌（CFU/g）	5	0	0	—	GB 4789.7—2013
6	金黄色葡萄球菌（CFU/g）	5	0	0	—	GB 4789.10—2013

注：n 为同一批次产品应采集的样品件数；c 为最大可允许超出 m 值的样品数；m 为致病菌指标可接受水平的限量值；M 为致病菌指标的最高安全限量值。

4.8 羊栖菜即食产品的包装、标签、贮存与运输

4.8.1 包装

羊栖菜即食产品采取定量包装，每袋 100 g，其中固形物含量＞ 80%。

羊栖菜即食产品接触用塑料材料及制品须符合 GB 4806.7—2016《食品安全国家标准 食品接触用塑料材料及制品》的规定，净含量的检测应符合 QB/T 10786—2006《罐头食品的检验方法》、JJF 1070—2018《定量包装商品净含量计量检验规则》和《定量包装商

品计量监督管理办法》等国家标准与法规规定。外包装纸箱应符合 GB/T 6543—2008《运输包装用单瓦楞纸箱和双瓦楞纸箱》国家标准规定。

4.8.2　杀菌

定量包装后的羊栖菜即食产品经 95 ℃以上温度杀菌 45 min。

羊栖菜即食产品的盐分含量应为 2%～ 3%。

4.8.3　标签

羊栖菜即食产品的标签须注明产地和食用方法，应符合 GB 7718—2011《食品安全国家标准　预包装食品标签》、GB/T 13432—2013《食品安全国家标准　预包装特殊膳食用食品标签》和 GB 28050—2016《食品安全国家标准　预包装食品营养标签通则》等国家标准规定。

4.8.4　贮存

包装后的羊栖菜即食产品应置于避雨、避光、整洁、远离有毒有害污染物的场地，于室温（20 ℃～ 25 ℃）贮存。纸箱与地面和墙壁的间距≥ 10 cm。

4.8.5　运输

运输装置（集装箱、冷藏车厢或挂箱等）须清洗、消毒、除异味。在气温为 4 ℃～ 10 ℃的条件下，羊栖菜即食产品可避风、避雨、避光运输。在气温＞ 10 ℃条件下，羊栖菜即食食品须采用 4 ℃冷藏车运输。禁止将羊栖菜即食产品与化学物品、强腐蚀性物质和易污染物品等混装运输。

5　羊栖菜即食产品的组批规则、抽检方法与检验分类

5.1　组批规则

同产地、同品系、同等级、同加工条件和同规格的羊栖菜即食产品可组合成检验批。还可以交货批为检验批。

5.2　抽样检测方法

出厂销售的羊栖菜即食产品抽样检测须符合 SC/T 3016—2004《水产品抽样方法》等标准和有关法律规定。

5.3　检验分类

5.3.1　出厂检验

生产单位质检部门须对每批次产品进行抽样检验，检验内容包括感官、水分、盐分和净含量等。产品检验合格，签发合格证书，之后才能出厂销售。

5.3.2 型式检验

型式检验项目如本标准 4.8 部分所述。符合下列情形之一时应进行型式检验：

新产品鉴定；

产品正式生产后，每年至少抽检 2 次；

加工企业长期停产后恢复生产；

原料变化或生产工艺改变，直接导致产品品质变化；

原料来源或生产环境变化；

政府质检机构提出型式检验要求；

出厂检验结果与以往批次型式检验结果存在显著差异。

参考文献

[1] 国家技术监督局．国际单位制及其应用：GB 3100—1993[S/OL].（1993-12-27）[2012-12-13]. http://www.doc88.com/p-908977127408.html.

[2] 国家技术监督局．有关量、单位和符号的一般原则：GB 3101—1993[S/OL].（1993-12-27）[2021-03-04]. https://wenku.baidu.com/view/eee4be6af724ccbff121dd36a32d7375a517c698.html.

[3] 中华人民共和国国家质量监督检验检疫总局，中国国家标准化管理委员会．标点符号用法：GB/T 15834—2011[S/OL].（2011-12-30）[2012-12-01].

[4] 中华人民共和国国家质量监督检验检疫总局，中国国家标准化管理委员会．危害分析与关键控制点（HACCP）体系食品生产企业通用要求：GB/T 27341—2009[S/OL].（2009-02-17）[2015-08-10]. http://www.doc88.com/p-5784428119039.html.

[5] 中华人民共和国国家质量监督检验检疫总局，中国国家标准化管理委员会．食品安全管理体系 GB/T 22000-2006 的应用指南：GB/T 22004—2007[S/OL].（2007-10-29）. http://down.foodmate.net/standard/yulan.php?itemid=15379.

[6] 中华人民共和国国家质量监督检验检疫总局，中国国家标准化管理委员会．食品安全管理体系 水产品加工企业要求：GB/T 27304—2008[S/OL].（2008-10-22）[2019-09-08]. http://www.doc88.com/p-6498786558522.html.

[7] 中华人民共和国国家卫生和计划生育委员会．食品安全国家标准 食品生产通用卫生规范：GB 14881—2013[S/OL].（2013-05-24）[2014-01-28]. http://www.doc88.com/p-1896883290907.html.

[8] 中华人民共和国国家卫生和计划生育委员会，国家食品药品监督管理总局．食品安全国家标准 藻类及其制品：GB 19643—2016[S/OL].（2016-12-23）[2017-01-10]. http://www.doc88.com/p-6671375635296.html.

[9] 中华人民共和国国家卫生和计划生育委员会．食品安全国家标准 食品中致病菌限量：GB 29921—2013[S/OL].（2013-12-26）[2015-04-10]. https://www.doc88.com/p-1671458047461.html.

[10] 中华人民共和国卫生部，中国国家标准化管理委员会．生活饮用水卫生标准：GB 5749—2006[S/OL]. 北京：中国标准出版社，2007：1-9（2006-12-29）[2018-07-09]. http://www.doc88.com/p-4953871138819.html.

[11] 中华人民共和国国家卫生和计划生育委员会．食品安全国家标准 食用盐：GB 2721—2015[S/OL].（2015-09-22）[2017-03-13]. http://www.doc88.com/p-0601390977979.html.

[12] 中华人民共和国国家卫生和计划生育委员会．食品安全国家标准 食品中水分的测定：GB

5009.3—2016[S/OL].（2016-08-31）[2019-04-03]. http://www.doc88.com/p-0814846053543.html.

[13] 中华人民共和国农业部．水产品中盐分的测定:SC/T 3011—2001[S/OL]（2001-09-27）[2019-02-14]. https://www.doc88.com/p-1397829942140.html.

[14] 中华人民共和国国家卫生健康委员会,中华人民共和国农业农村部,国家市场监督管理总局．食品安全国家标准 植物源性食品中208种农药及其代谢物残留量的测定 气相色谱－质谱联用法:GB 23200.113—2018[S/OL].（2018-06-21）[2018-10-17]. https://max.book118.com/html/2018/1016/5204301133001322.shtm.

[15] 中华人民共和国国家质量监督检验检疫总局,中国国家标准化管理委员会．水果和蔬菜中450种农药及相关化学品残留量的测定 液相色谱－串联质谱法:GB/T 20769—2008[S/OL].（2008-12-31）[2021-06-03]. https://max.book118.com/html/2019/0107/7052156036002000.shtm.

[16] 中华人民共和国国家卫生和计划生育委员会,国家食品药品监督管理总局．食品安全国家标准 食品中铅的测定:GB 5009.12—2017[S/OL].（2017-04-06）[2018-10-24]. https://max.book118.com/html/2018/1024/5114224021001323.shtm.

[17] 中华人民共和国国家卫生和计划生育委员会,国家食品药品监督管理总局．食品中污染物限量:GB 2762—2017[S/OL].（2017-03-17）[2018-05-29]. https://max.book118.com/html/2018/0529/169359533.shtm.

[18] 中华人民共和国国家卫生和计划生育委员会,国家食品药品监督管理总局．食品安全国家标准 食品中苯甲酸、山梨酸和糖精钠的测定:GB 5009.28—2016[S/OL].（2016-12-23）[2017-01-10]. http://www.doc88.com/p-7748649769023.html.

[19] 中华人民共和国国家卫生和计划生育委员会．食品安全国家标准 食品添加剂 日落黄铝色淀:GB 1886.224—2016[S/OL].（2016-08-31）[2019-04-03]. http://www.doc88.com/p-0814846051268.html.

[20] 中华人民共和国国家卫生和计划生育委员会．食品安全国家标准 食品中合成着色剂的测定:GB 5009.35—2016[S/OL].（2016-08-31）[2016-09-20]. https://www.doc88.com/p-4187660267899.html.

[21] 中华人民共和国国家卫生和计划生育委员会,国家食品药品监督管理总局．食品安全国家标准 食品微生物学检验 菌落总数测定:GB 4789.2—2016（2016-12-23）[2019-07-20]. http://www.doc88.com/p-5019904392363.html.

[22] 中华人民共和国国家卫生和计划生育委员会,国家食品药品监督管理总局．食品安全国家标准 食品微生物学检验 大肠菌群计数:GB 4789.3—2016（2016-12-23）[2017-01-10]. http://www.doc88.com/p-7784985795758.html.

[23] 中华人民共和国国家卫生和计划生育委员会．食品安全国家标准 食品微生物学检验 霉菌和酵母计数:GB 4789.15—2016[S/OL].（2016-10-19）[2018-04-16]. http://www.doc88.com/p-7942597490314.html.

[24] 中华人民共和国国家卫生和计划生育委员会,国家食品药品监督管理总局．食品安全国家标准 食品微生物学检验 沙门氏菌检验:GB 4789.4—2016[S/OL].（2016-12-23）[2017-01-10]. http://www.doc88.com/p-9983581951916.html.

[25] 中华人民共和国国家卫生和计划生育委员会．食品安全国家标准 食品微生物学检验 副溶血性弧菌检验:GB 4789.7—2013[S/OL].（2013-11-29）[2014-04-10]. https://www.doc88.com/p-9387120711610.html.

[26] 中华人民共和国国家卫生和计划生育委员会,国家食品药品监督管理总局．食品安全国家标准

食品微生物学检验 金黄色葡萄球菌检验：GB 4789.10—2016[S/OL]（2016-12-23）[2017-01-10]. http://www.doc88.com/p-9905602962922.html.

[27] 中华人民共和国国家卫生和计划生育委员会. 食品安全国家标准 食品接触用塑料材料及制品：GB 4806.7—2016[S/OL]. 北京：中国标准出版社，2017：1-2（2016-10-19）[2019-01-16]. http://www.doc88.com/p-3327828054405.html.

[28] 中华人民共和国轻工业部. 罐头食品净重和固形物含量的测定：QB 1007—1990[S/OL].（1990-11-05）[1991-03-28]. https://max.book118.com/html/2019/0119/8027103123002002.shtm.

[29] 国家质量监督检验检疫总局. 定量包装商品净含量计量检验规则：JJF 1070—2005[S/OL].（2005-10-09）[2019-04-29]. https://max.book118.com/html/2019/0429/6113121035002025.shtm.

[30] 中华人民共和国国家质量监督检验检疫总局，中国国家标准化管理委员会. 运输包装用单瓦楞纸箱和双瓦楞纸箱：GB/T 6543—2008[S/OL].（2008-04-01）[2019-01-28]. http://www.doc88.com/p-3167821814494.html.

[31] 中华人民共和国卫生部. 食品安全国家标准 预包装食品标签通则：GB 7718—2011[S/OL].（2011-04-20）[2019-10-21]. http://www.doc88.com/p-7874763710319.html.

[32] 中华人民共和国国家卫生和计划生育委员会. 食品安全国家标准 预包装特殊膳食用食品标签：GB/T 13432—2013[S/OL].（2013-12-26）[2018-07-16]. http://www.doc88.com/p-1942503639677.html.

[33] 中华人民共和国卫生部. 食品安全国家标准 预包装食品营养标签通则：GB 28050—2016[S/OL]. 北京：中国标准出版社，2013：1-4（2011-10-12）[2014-10-14]. https://max.book118.com/html/2015/1013/27222053.shtm.

[34] 中华人民共和国农业部. 水产品抽样方法：SC/T 3016—2004[S/OL].（2004-01-07）[2016-09-22]. https://www.docin.com/p-1743090946.html.

[35] 国家质量监督检验检疫总局. 定量包装商品计量监督管理办法（总局令第 75 号）[S/OL].（2005-05-30）[2005-07-08]. http://law.foodmate.net/show-11216.html.

第二节 鲜羊栖菜盐渍加工工艺

Salted processing technology of fresh *Sargassum fusiforme*

前 言

本标准依据 GB/T 1.1—2009《标准化工作导则　第 1 部分：标准的结构和编写》、GB/T 20000—2014《标准化工作指南》和 GB/T 20001—2017《标准编写规则》国家标准要求起草。

本标准由 ×××××× 单位提出。

请注意本标准的某些内容可能涉及专利，本标准的发布机构不承担识别这些专利的责任。

本标准起草单位：××××××、××××××。

本标准主要起草人：×××、×××、×××。

本标准为首次发布。

根据国家标准化工作要求，在充分咨询科研院所专业研究人员和羊栖菜产品加工企业技术人员及实地考察基础上，针对原料、加工、检测、包装、运输和抽检等生产要素，系统地编写了《鲜羊栖菜盐渍加工工艺》。

为适应我国产业标准化工作发展的要求，助力温州市国家自主创新示范区建设［《国务院关于同意宁波、温州高新技术产业开发区建设国家自主创新示范区的批复》（国函〔2018〕13 号）］，加快羊栖菜产业健康发展［《温州市洞头区人民政府关于印发〈加快推进羊栖菜产业发展工作方案〉的通知》（洞政办发〔2019〕41 号）］，促进产业提质增效，亟须编写和实施本标准，更好地发挥本标准的实践指导作用。

浙江省温州市洞头区是我国最大的羊栖菜产业基地，年养殖面积约 1.1 万亩，年产鲜羊栖菜 70 000 余吨，2003 年 11 月被中国优质农产品开发服务协会评为“中国羊栖菜之乡”。温州市洞头区养殖羊栖菜 90% 以上以小袋包装的干品形式销往日本和韩国。国内市场中羊栖菜主要以小袋包装鲜辣即食产品为主。受羊栖菜特有的气味和人们的饮食习惯影响，国内销售地区仅限于四川、湖南、湖北、河南和河北等省份。羊栖菜盐渍加工产品在色泽、口感和风味等方面更接近鲜羊栖菜。消费者可将羊栖菜盐渍加工产品作为食材，根据自己的喜好进行烹饪。因此，羊栖菜盐渍加工小袋包装产品已成为拓展国内羊栖菜销售市场的新兴渠道，其品质保障问题也受到了地方政府的高度重视。上述羊栖菜产业现状表明，建立和实施鲜羊栖菜盐渍加工工艺标准，提升鲜羊栖菜盐渍小袋包装产品的质量，是助推羊栖菜产业提质增效和可持续健康发展的现实需求。

本标准的制定以标准撰写规范化要求为基础，为高品质即食羊栖菜盐渍产品的品质评价提供技术支撑，助推我国鲜羊栖菜盐渍产品的国内市场影响力。

1　范围

本标准规定了鲜羊栖菜盐渍加工原材料要求、辅料要求、加工要求、理化指标与检测标准、包装、标识、贮存、运输及抽检规则与方法等内容。

本标准适用于以未长生殖托的鲜羊栖菜为原料，制成小袋包装的非即食类羊栖菜产品的盐渍加工过程。

2　规范性引用文件

下列文件是本文件应用的支撑。凡标注日期的引用文件，仅所注日期的版本适用于本文件。未标注日期的文件，其更新版本（包括修改单）均适用于本文件。

GB 3100—1993　国际单位制及其应用（ISO 1000）

GB 3101—1993　有关量、单位和符号的一般原则（ISO 31-0）

GB/T 15834—2011　标点符号用法

GB/T 27304—2008　食品安全管理体系　水产品加工企业要求

GB/T 27341—2009　危害分析与关键控制点（HACCP）体系　食品生产企业通用要求

GB 14881—2013　食品安全国家标准　食品生产通用卫生规范

GB 19643—2016　食品安全国家标准　藻类及其制品

GB 29921—2013　食品安全国家标准　食品中致病菌限量

GB 5749—2006　生活饮用水卫生标准

GB 2721—2015　食品安全国家标准　食用盐

GB 5009.3—2016　食品安全国家标准　食品中水分的测定

SC/T 3011—2001　水产品中盐分的测定

GB 23200.113—2018　食品安全国家标准　植物源性食品中 208 种农药及其代谢物残留量的测定　气相色谱 - 质谱联用法

GB/T 20769—2008　水果和蔬菜中 450 种农药及相关化学品残留量的测定　液相色谱 - 串联质谱法

GB 5009.12—2017　食品安全国家标准　食品中铅的测定

GB 2762—2017　食品安全国家标准　食品中污染物限量

GB 4806.7—2016　食品安全国家标准　食品接触用塑料材料及制品

GB/T 10786—2006　罐头食品的检验方法

JJF 1070—2018　定量包装商品净含量计量检验规则

GB/T 6543—2008　运输包装用单瓦楞纸箱和双瓦楞纸箱

GB 7718—2011　食品安全国家标准　预包装食品标签通则

GB/T 13432—2013　食品安全国家标准　预包装特殊膳食用食品标签

GB 28050—2011　食品安全国家标准　预包装食品营养标签通则

SC/T 3016—2004　水产品抽样方法

《定量包装商品计量监督管理办法》[中华人民共和国国家质量监督检验检疫总局令　第 75 号（2005）]

3 术语与定义

3.1 鲜羊栖菜 fresh *Sargassum fusiforme*

鲜羊栖菜指新鲜的羊栖菜枝状体。本标准中鲜羊栖菜特指仅具有假根、茎、叶、气囊，尚未发育出生殖托的鲜藻体。

3.2 生殖托 receptacle

羊栖菜雌雄异株，雌株生长雌生殖托，雄株生长雄生殖托。生殖托生长于簇生气囊的叶腋间，分托体、托茎或营养枝等结构。生殖托托体呈棒状，表面分布有褐色的圆形生殖窝，近托茎部位的生殖窝分布数量较少。每年4月初，羊栖菜成熟孢子体上少量生殖托开始萌发；至4月中旬，生殖托普遍开始萌发；至5月初，近20%的生殖托进入成熟期发育阶段；至5月中旬，近45%的生殖托进入成熟期发育阶段。随着羊栖菜有性生殖的发生及藻体侧生枝的逐渐流失，处于成熟期的生殖托数量显著减少。成熟前期至中期，雌生殖托托体长0.8～3.3 cm，雄生殖托托体长2.5～8.3 cm，此期间雄生殖托托体长度普遍大于雌生殖托。成熟后期，雌、雄生殖托托体形态差异不显著，雌、雄生殖托托体最大长度均可达12.5 cm。此外，羊栖菜幼孢子体也会萌发生殖托，可进行有性生殖产生幼胚。同时，存在叶尖着托或托尖着叶等特殊现象。

3.3 鲜羊栖菜品质 the quality of the fresh *Sargassum fusiforme*

鲜羊栖菜品质指鲜羊栖菜的质量，其评判主要依据杂质含量、藻体生物学特征和铅含量等内容。

3.4 色泽 color

鲜羊栖菜色泽指藻体呈现出的颜色和光泽。羊栖菜不同生长期，藻体颜色不同。孢子体呈浅褐色，而成熟孢子体呈深褐色。根据消费者对产品品质的感官需求，本标准将色泽设定为鲜羊栖菜品质等级评价内容。

3.5 农药残留 pesticide residue

农药残留泛指农业生产中施用农药后一部分农药直接或间接残存于产品及土壤和水体中的现象。羊栖菜生长发育过程中对水体中的农药具有敏感性生物吸附作用。当近岸海域受农药污染时，羊栖菜会过量吸附农药，致使藻体残留的农药超标，直接影响产品品质和食用者的健康。根据羊栖菜海洋生活环境和绿色食品卫生标准要求，本标准将近岸海域典型农药扑草净（prometryn）、特丁净（terbutryn）和霜霉威盐酸盐（propamocarb hydrochloride）3种农药含量设定为品质等级评价内容。

3.6 重金属 heavy metal

重金属一般指密度大于4.5克/厘米^{3}的金属。根据羊栖菜气囊干品的食用性，参照

GB 2762—2017《食品安全国家标准 食品中污染物限量》规定要求，本标准中特指人体生命活动非必需的金属元素铅。

4 标准

4.1 生产人员与场地

生产人员、环境、车间和设施应符合 GB/T 27304—2008《食品安全管理体系 水产品加工企业要求》的规定。包装车间洁净度应达到 30 万级，整体卫生条件应符合 GB/T 27341—2009《危害分析与关键特点(HACCP)体系 食品生产企业通用要求》和 GB 14881—2013《食品安全国家标准 食品生产通用卫生规范》的规定。

4.2 鲜羊栖菜

4.2.1 感官

盐渍加工所用鲜羊栖菜浅褐色，黏滑，具特有的气味。簇生气囊叶腋处无生殖托。茎、叶片和气囊表皮无腐烂脱落迹象。

4.2.2 杂质

盐渍加工所用鲜羊栖菜干净，无淤泥附着，无干草、木棒、塑料绳、泡沫、石子和生活垃圾等。杂质质量分数≤ 1%（鲜重），符合 GB 19643—2016《食品安全国家标准 藻类及其制品》的规定。

4.2.3 微生物

微生物菌落总数符合 GB 29921—2013《食品安全国家标准 食品中致病菌限量》的规定。

4.3 热烫

鲜羊栖菜在 100 ℃沸水中的热烫时间为 18 s。

4.4 辅料

生产用水质应符合 GB 5749—2006《生活饮用水卫生标准》的规定。食用盐质量应符合 GB 2721—2015《食用盐》的规定，添加量 10%～ 15%。食品添加剂使用种类与用量应符合食品添加剂使用相关标准规定。

4.5 化学指标与检测

鲜羊栖菜中水分、盐分、扑草净和特丁净、霜霉威盐酸盐、铅的限量标准和检测标准详见表 5-4。

表 5-4　鲜羊栖菜主要化学指标与检测标准

序号	理化指标	限量标准	检测标准
1	水分（鲜重计）	≤ 92%	GB 5009.3—2016
2	盐分（干重计）	8%≤盐分≤ 10%	SC/T 3011—2001
3	扑草净和特丁净（干重计）	≤ 0.01 mg/kg	GB 23200.113—2018
4	霜霉威盐酸盐（干重计）	≤ 2×10^{-5} mg/kg	GB/T 20769—2008
5	铅（干重计）	≤ 1.0 mg/kg	GB 5009.12—2017

除上述化学成分外，污染物限量应符合 GB 2762—2017《食品安全国家标准　食品中污染物限量》的规定。

4.6　鲜羊栖菜盐渍产品的贮存

鲜羊栖菜盐渍处理后，置于 -20 ℃～ -18 ℃环境中避光贮存。

4.7　鲜羊栖菜盐渍产品的包装、标签、贮存与运输

4.7.1　包装

鲜羊栖菜盐渍产品接触用塑料材料及制品须符合 GB 4806.7—2016《食品安全国家标准　食品接触用塑料材料及制品》的规定，净含量的检测应符合 QB/T 10786—2006《罐头食品的检验方法》、JJF 1070—2018《定量包装商品净含量计量检验规则》和《定量包装商品计量监督管理办法》等国家标准与法规规定。外包装纸箱应符合 GB/T 6543—2008《运输包装用单瓦楞纸箱和双瓦楞纸箱》国家标准规定。

4.7.2　标签

鲜羊栖菜盐渍产品的标签须注明产地和食用方法，应符合 GB 7718—2011《食品安全国家标准　预包装食品标签》、GB/T 13432—2013《食品安全国家标准　预包装特殊膳食用食品标签》和 GB 28050—2016《食品安全国家标准　预包装食品营养标签通则》等国家标准规定。

4.7.3　贮存

包装后的鲜羊栖菜盐渍产品应置于整洁、远离有毒有害污染物的场地保存。纸箱与地面和墙壁的间距≥ 10 cm。盐分≥ 25%的盐渍产品可选择避雨、避光的场地，于室温（20 ℃～ 25 ℃）贮存；盐分＜ 25%的包装产品需置于 4 ℃冷藏贮存。上述贮存场地均应符合 GB/T 27341—2009《危害分析与关键控制点（HACCP）体系　食品生产企业通用要求》的规定。

4.7.4　运输

运输装置（集装箱、冷藏车厢或挂箱等）须清洗、消毒、除异味。盐分≥ 25%的盐渍产品可避风、避雨、避光运输。盐分＜25%的包装产品，在气温为 4 ℃ ～ 10 ℃的条件下可避

风、避雨、避光运输；在气温＞10 ℃条件下须采用 4 ℃冷藏车运输。禁止将羊栖菜盐渍产品与化学物品、强腐蚀性物质和易污染物品混装运输。

5　鲜羊栖菜盐渍产品的组批规则、抽样检测方法与检验分类

5.1　组批规则

同产地、同品系、同等级、同加工条件和同规格的产品可组合成检验批。还可以交货批为检验批。

5.2　抽样检测方法

销售产品的抽样检测须符合 SC/T 3016—2004《水产品抽样方法》等标准和有关法律规定。

5.3　检验分类

5.3.1　出厂检验

生产单位质检部门须对每批次产品进行抽样检验，检验内容包括感官、水分、盐分和净含量等内容。产品检验合格签发合格证书，之后才能出厂销售。

5.3.2　型式检验

符合下列情形之一时应进行型式检验：

加工企业长期停产后恢复生产；

原料变化或生产工艺改变，直接影响产品品质变化；

原料来源或生产环境变化；

政府质检机构提出型式检验要求；

出厂检验结果与以往批次型式检验结果存在显著差异；

连续生产，每年至少进行 2 次周期性型式检验。

型式检验项目为本标准 4.6 部分规定的内容。

参考文献

[1]　国家技术监督局．国际单位制及其应用：GB 3100—1993[S/OL].（1993-12-27）[2012-12-13]. http://www.doc88.com/p-908977127408.html.

[2]　国家技术监督局．有关量、单位和符号的一般原则：GB 3101—1993[S/OL].（1993-12-27）[2021-03-04]. https://wenku.baidu.com/view/eee4be6af724ccbff121dd36a32d7375a517c698.html.

[3]　中华人民共和国国家质量监督检验检疫总局，中国国家标准化管理委员会．标点符号用法：GB/T

15834—2011[S/OL].（2011-12-30）[2012-12-01].

[4] 中华人民共和国国家质量监督检验检疫总局，中国国家标准化管理委员会．食品安全管理体系 水产品加工企业要求：GB/T 27304—2008[S/OL].（2008-10-22）[2019-09-08]. http://www.doc88.com/p-6498786558522.html.

[5] 中华人民共和国国家质量监督检验检疫总局，中国国家标准化管理委员会．危害分析与关键控制点（HACCP）体系食品生产企业通用要求：GB/T 27341—2009[S/OL].（2009-02-17）[2015-08-10]. http://www.doc88.com/p-5784428119039.html.

[6] 中华人民共和国国家卫生和计划生育委员会．食品安全国家标准 食品生产通用卫生规范：GB 14881—2013[S/OL].（2013-05-24）[2014-01-28]. http://www.doc88.com/p-1896883290907.html.

[7] 中华人民共和国国家卫生和计划生育委员会，国家食品药品监督管理总局．食品安全国家标准 藻类及其制品：GB 19643—2016[S/OL].（2016-12-23）[2017-01-10]. http://www.doc88.com/p-6671375635296.html.

[8] 中华人民共和国国家卫生和计划生育委员会．食品安全国家标准 食品中致病菌限量：GB 29921—2013[S/OL].（2013-12-26）[2015-04-10]. https://www.doc88.com/p-1671458047461.html.

[9] 中华人民共和国卫生部，中国国家标准化管理委员会．生活饮用水卫生标准：GB 5749—2006[S/OL]. 北京：中国标准出版社，2007：1-9（2006-12-29）[2018-07-09]. http://www.doc88.com/p-4953871138819.html.

[10] 中华人民共和国国家卫生和计划生育委员会．食品安全国家标准 食用盐：GB 2721—2015[S/OL].（2015-09-22）[2017-03-13]. http://www.doc88.com/p-0601390977979.html.

[11] 5009.3—2016[S/OL].（2016-08-31）[2019-04-03]. http://www.doc88.com/p-0814846053543.html.

[12] 中华人民共和国农业部．水产品中盐分的测定：SC/T 3011—2001[S/OL]（2001-09-27）[2019-02-14]. https://www.doc88.com/p-1397829942140.html.

[13] 中华人民共和国国家卫生健康委员会，中华人民共和国农业农村部，国家市场监督管理总局．食品安全国家标准 植物源性食品中208种农药及其代谢物残留量的测定 气相色谱－质谱联用法：GB 23200.113—2018[S/OL].（2018-06-21）[2018-10-17]. https://max.book118.com/html/2018/1016/5204301133001322.shtm.

[14] 中华人民共和国国家质量监督检验检疫总局，中国国家标准化管理委员会．水果和蔬菜中450种农药及相关化学品残留量的测定 液相色谱－串联质谱法：GB/T 20769—2008[S/OL].（2008-12-31）[2021-06-03]. https://max.book118.com/html/2019/0107/7052156036002000.shtm.

[15] 中华人民共和国国家卫生和计划生育委员会，国家食品药品监督管理总局．食品安全国家标准 食品中铅的测定：GB 5009.12—2017[S/OL].（2017-04-06）[2018-10-24]. https://max.book118.com/html/2018/1024/5114224021001323.shtm.

[16] 中华人民共和国国家卫生和计划生育委员会，国家食品药品监督管理总局．食品中污染物限量：GB 2762—2017[S/OL].（2017-03-17）[2018-05-29]. https://max.book118.com/html/2018/0529/169359533.shtm.

[17] 中华人民共和国国家卫生和计划生育委员会．食品安全国家标准 食品接触用塑料材料及制品：GB 4806.7—2016[S/OL]. 北京：中国标准出版社，2017：1-2（2016-10-19）[2019-01-16]. http://www.doc88.com/p-3327828054405.html.

[18] 中华人民共和国轻工业部．罐头食品净重和固形物含量的测定：QB 1007—1990[S/OL].（1990-11-05）[1991-03-28]. https://max.book118.com/html/2019/0119/8027103123002002.shtm.

[19] 国家质量监督检验检疫总局．定量包装商品净含量计量检验规则：JJF 1070—2005［S/OL］．（2005-10-09）［2019-04-29］. https://max.book118.com/html/2019/0429/6113121035002025.shtm.

[20] 中华人民共和国国家质量监督检验检疫总局，中国国家标准化管理委员会．运输包装用单瓦楞纸箱和双瓦楞纸箱：GB/T 6543—2008［S/OL］．（2008-04-01）［2019-01-28］. http://www.doc88.com/p-3167821814494.html.

[21] 中华人民共和国卫生部．食品安全国家标准　预包装食品标签通则：GB 7718—2011［S/OL］．（2011-04-20）［2019-10-21］. http://www.doc88.com/p-7874763710319.html.

[22] 中华人民共和国国家卫生和计划生育委员会．食品安全国家标准　预包装特殊膳食用食品标签：GB/T 13432—2013［S/OL］．（2013-12-26）［2018-07-16］. http://www.doc88.com/p-1942503639677.html.

[23] 中华人民共和国卫生部．食品安全国家标准　预包装食品营养标签通则：GB 28050—2016［S/OL］．北京：中国标准出版社，2013：1-4（2011-10-12）［2014-10-14］. https://max.book118.com/html/2015/1013/27222053.shtm.

[24] 中华人民共和国农业部．水产品抽样方法：SC/T 3016—2004［S/OL］.（2004-01-07）［2016-09-22］. https://www.docin.com/p-1743090946.html.

[25] 国家质量监督检验检疫总局．定量包装商品计量监督管理办法（总局令第 75 号）［S/OL］．（2005-05-30）［2005-07-08］. http://law.foodmate.net/show-11216.html.

羊栖菜多糖的提取方法

Extraction method of *Sargassum fusiforme* polysaccharides

前　言

本标准根据GB/T 1.1—2009《标准化工作导则　第1部分：标准的结构和编写》、GB/T 20000—2014《标准化工作指南》和GB/T 20001—2017《标准编写规则》国家标准要求起草。

本标准由××××××单位提出。

请注意本标准的某些内容可能涉及专利，本标准的发布机构不承担识别这些专利的责任。

本标准起草单位：××××××、××××××。

本标准主要起草人：×××、×××、×××、×××。

本标准为首次发布。

根据国家标准化工作要求，基于对羊栖菜多糖提取技术的优化研究，在充分咨询院所专业研究人员和羊栖菜产品加工企业技术人员及实地考察的基础上，系统地编写了《羊栖菜多糖的提取方法》。

为适应我国产业标准化工作发展的要求，助力温州市国家自主创新示范区建设［《国务院关于同意宁波、温州高新技术产业开发区建设国家自主创新示范区的批复》（国函〔2018〕13号）］，加快羊栖菜产业健康发展［《温州市洞头区人民政府关于印发〈加快推进羊栖菜产业发展工作方案〉的通知》（洞政办发〔2019〕41号）］，在羊栖菜即食加工品规模难以实现突破的形势下，羊栖菜多糖高附加值产品开发成为破解产业可持续发展难题的有效途径之一。为了保证羊栖菜多糖原料的质量，亟须编写和实施本标准。

羊栖菜（*Sargassum fusiforme*）是马尾藻属褐藻，主要分布于太平洋西北近岸海域。我国北起辽宁省、南至海南省近岸低潮带礁石上均有野生羊栖菜分布。羊栖菜含有丰富的营养物质，亦具有药用价值，为药食两用海藻。我国的《神农本草经》和《本草纲目》均记载其食用价值和药用价值。日本民众将其誉为"长寿菜""餐桌上的海人参"。市场需求促进了羊栖菜养殖业的发展。浙江省温州市洞头区现已成为全国最大的羊栖菜养殖、加工和出口基地，2003年11月被中国优质农产品开发服务协会评为"中国羊栖菜之乡"。羊栖菜成为当地养殖户的"富民菜"。然而，羊栖菜初级加工干品主要出口日本，出口量受国际市场影响较大。此外，少量羊栖菜小袋包装盐渍产品或即食干品投放国内市场。这一传统加工和销售模式严重地制约了羊栖菜产业的发展。

羊栖菜多糖含量占40%～60%，主要包括褐藻胶、褐藻糖胶和褐藻淀粉。现代生物学研究表明，羊栖菜多糖具有增强机体免疫力、消除大脑疲劳、延缓衰老及降血脂、降血压、抗血栓、抗肿瘤等生物活性，在医药原材料及功能食品开发方面应用前景广阔。

现有羊栖菜褐藻多糖提取技术主要包括酶解法、碱解法、酸解法、沸水煮提法、超声波辅助法等。上述方法成本高、提取工艺复杂、多糖纯度不高，无法保障不同批次多糖产品的同一性。我们在多年实践基础上，发明了冷水浸提羊栖菜多糖的新方法。此方法的突出优点在于能够保证多糖组成、结构的稳定性，保障不同批次多糖产品的同一性，弥补现有羊栖菜多糖工厂化提取方法的不足。

本标准的制定以标准撰写规范化要求为基础，为获得稳定的羊栖菜多糖产品提供了技术支撑。

1　范围

本标准规定了羊栖菜多糖提取和羊栖菜多糖产品检测、包装、贮存、运输等内容。

本标准适用于以羊栖菜初级农产品干品为原料，制成高纯度羊栖菜多糖产品的过程。

2 规范性引用文件

下列文件是本文件应用的支撑。凡标注日期的引用文件，仅所注日期的版本适用于本文件。未标注日期的文件，其更新版本(包括修改单)均适用于本文件。

GB 3100—1993 国际单位制及其应用(ISO 1000)

GB 3101—1993 有关量、单位和符号的一般原则(ISO 31-0)

GB/T 15834—2011 标点符号用法

GB/T 27304—2008 食品安全管理体系 水产品加工企业要求

GB/T 27341—2009 危害分析与关键控制点(HACCP)体系 食品生产企业通用要求

GB/T 22004—2007 食品安全管理体系 GB/T 22000—2006 的应用指南

GB 14881—2013 食品安全国家标准 食品生产通用卫生规范

GB 19643—2016 食品安全国家标准 藻类及其制品

SB/T 11095—2014 中药材仓库技术规范

GB 5009.3—2016 食品安全国家标准 食品中水分的测定

SC/T 3011—2001 水产品中盐分的测定

GB 5749—2006 生活饮用水卫生标准

GB 4806.7—2016 食品安全国家标准 食品接触用塑料材料及制品

GB/T 6543—2008 运输包装用单瓦楞纸箱和双瓦楞纸箱

SB/T 11039—2013 中药材追溯通用标识规范

GB 23200.113—2018 食品安全国家标准 植物源性食品中 208 种农药及其代谢物残留量的测定 气相色谱 - 质谱联用法

GB/T 20769—2008 水果和蔬菜中 450 种农药及相关化学品残留量的测定 液相色谱 - 串联质谱法

GB 5009.12—2017 食品安全国家标准 食品中铅的测定

GB 2762—2017 食品安全国家标准 食品中污染物限量

GB 4789.2—2016 食品安全国家标准 食品微生物学检验 菌落总数测定

GB 4789.3—2016 食品安全国家标准 食品微生物学检验 大肠菌群计数

GB 4789.15—2016 食品安全国家标准 食品微生物学检验 霉菌和酵母计数

GB 4789.4—2016 食品安全国家标准 食品微生物学检验 沙门氏菌检验

GB 4789.7—2013 食品安全国家标准 食品微生物学检验 副溶血性弧菌检验

GB 4789.10—2016 食品安全国家标准 食品微生物学检验 金黄色葡萄球菌检验

GB/T 10786—2006 罐头食品的检验方法

JJF 1070—2018 定量包装商品净含量计量检验规则

GB 7718—2011 食品安全国家标准 预包装食品标签通则

GB/T 13432—2013　食品安全国家标准　预包装特殊膳食用食品标签

GB 28050—2011　食品安全国家标准　预包装食品营养标签通则

SC/T 3016—2004　水产品抽样方法

《定量包装商品计量监督管理办法》[中华人民共和国国家质量监督检验检疫总局令第 75 号(2005)]

3　术语与定义

3.1　羊栖菜初级产品干品 primary dry product of *Sargassum fusiforme*

羊栖菜初级产品干品指经除杂、去假根、清洗处理、自然晾晒或恒温烘干至恒重的成熟孢子体藻体。

3.2　羊栖菜多糖 polysaccharides

羊栖菜多糖为羊栖菜中天然存在的一类碳水化合物,包括褐藻淀粉、褐藻胶和褐藻糖胶。其中,褐藻糖胶中主要为岩藻聚糖硫酸酯。现代医学研究表明,褐藻糖胶具有抗氧化、抗凝血、降血脂、降血糖、抗肿瘤、抗病毒及调节肠道菌群等生物学活性,对衰老和肥胖相关的代谢性疾病具有较好的疗效。

4　基本条件

4.1　研发资质

生产企业应具有市级及以上羊栖菜多糖工厂化制备资质的研发中心或拥有同等资质的战略合作研发团队,内设质检部门,能够保障提取方法符合国家现行各类标准要求。

4.2　生产人员与场地

生产人员、环境、车间和设施应符合 GB/T 27304—2008《食品安全管理体系　水产品加工企业要求》的规定。包装车间洁净度应达到 30 万级,整体卫生条件应符合 GB/T 27341—2009《危害分析与关键特点(HACCP)体系　食品生产企业通用要求》和 GB 14881—2013《食品安全国家标准　食品生产通用卫生规范》的规定。

4.3　生产工艺与设备

4.3.1　生产工艺

生产企业应具有除杂、晾晒、原料贮存、粉碎、筛选、提取、冻干、杀菌、包装、金探、抽样检测和产品贮存等一系列成熟的生产工艺。

4.3.2 生产设备

生产企业应具备自动清洗设备、离心脱水机、高速粉碎机、真空冷冻干燥机、大容量聚乙烯塑料箱、蒸馏水制备设备，以及糖含量测定和组成鉴定、微生物检测与鉴定、重金属检测等仪器与设备。

4.4 羊栖菜初级产品干品

4.4.1 感官

藻体干燥，无返盐或发霉迹象，深褐色，具羊栖菜特有的气味。簇生气囊褐色或深绿色，叶腋处有或无生殖托。

4.4.2 杂质

藻体干净，无淤泥附着，无可见干草、木棒、塑料绳、泡沫、石子和生活垃圾等。杂质质量分数≤ 1%（干重），须符合 GB 19643—2016《食品安全国家标准　藻类及其制品》的规定。

4.4.3 贮存

羊栖菜初级产品干品的贮存应符合 SB/T 11095—2014《中药材仓库技术规范》的规定，羊栖菜初级产品干品每袋定量包装，每袋 25 ～ 28 斤，置于避雨、避光、干燥、通风处贮存，距离地面 15 ～ 20 cm，距离墙壁 25 ～ 30 cm。

5 方法

5.1 羊栖菜初级产品干品的化学指标与检测标准

羊栖菜初级产品干品中水分、盐分、扑草净和特丁净、霜霉威盐酸盐、铅的限量标准与检测标准详见表 5-5。

表 5-5　羊栖菜初级产品干品的主要化学指标与检测标准

序号	理化指标	限量标准	检测标准
1	水分（干重计）	≤ 11%	GB 5009.3—2016
2	盐分（干重计）	10%≤盐分≤ 15%	SC/T 3011—2001
3	扑草净和特丁净（干重计）	≤ 0.01 mg/kg	GB 23200.113—2018
4	霜霉威盐酸盐（干重计）	≤ 2×10^{-5} mg/kg	GB/T 20769—2008
5	铅（干重计）	≤ 1.0 mg/kg	GB 5009.12—2017

除上述化指标外，污染物限量应符合 GB 2762—2017《食品安全国家标准　食品中污染物限量》的标准规定。

5.2　羊栖菜多糖的提取方法

5.2.1　羊栖菜初级产品干品的粉碎与颗粒筛选

羊栖菜初级产品干品经高速粉碎和 100 目纱绢网筛过滤，用于羊栖菜多糖的提取。

5.2.2　羊栖菜干品颗粒的脱脂

按羊栖菜藻粉∶95％酒精＝ 1∶10（m∶v）的料液比，将 5.2.1 步骤中获得的羊栖菜藻粉与 95％酒精充分混合，进行回流脱脂。脱脂温度为 70 ℃，每次脱脂时间为 2 h，脱脂次数为 5 次。

5.2.3　羊栖菜多糖的冷提

按照藻粉∶蒸馏水＝ 30∶1（m∶v）的料液比，将 5.2.2 步骤中的脱脂藻粉置于容器中，加入蒸馏水，充分搅拌混合，常温浸泡 12 h。之后使用两层 200 目绢筛过滤，收集滤液。

将滤渣按上述料液比，加蒸馏水浸泡 2 h，使用两层 200 目绢筛过滤，收集滤液。此过程重复 3 次。

合并滤液，50 ℃减压浓缩，至浓缩液挂壁。浓缩液∶藻粉＝ 200∶15（v∶m）。

5.2.4　羊栖菜多糖的醇沉

按照浓缩液∶95％酒精＝ 1∶4（v∶v）的比例加入 95％酒精，沉降 12 h。3 000 r/min 离心 10 min，收集沉淀。

5.2.5　羊栖菜多糖的冷冻干燥

在 5.2.4 步骤所获沉淀中加入 5.5.2 所获浓缩液 2 倍体积的蒸馏水复溶，再置于 −105 ℃冷冻真空干燥至恒重，获得羊栖菜多糖产物。

5.2.6　羊栖菜多糖的检测分析

通过比色法鉴定获得的羊栖菜多糖含量。按“羊栖菜多糖回收率 = 羊栖菜多糖含量 / 原料重量 ×100％”的公式，计算羊栖菜多糖回收率；按“羊栖菜多糖纯度 = 羊栖菜多糖含量 / 回收产物量 ×100％”的公式，计算羊栖菜多糖纯度。本标准羊栖菜多糖回收率 ≥ 23％，羊栖菜多糖纯度≥ 84％。

5.3　微生物种类、限量与检测标准

羊栖菜多糖产品的微生物检测内容包括菌落总数以及大肠菌群、霉菌和酵母、沙门氏菌、副溶血性弧菌、金黄色葡萄球菌的菌落数，其采样方案与限量、检测标准详见表 5-6。

表 5-6　羊栖菜多糖产品的微生物种类、限量与检测标准

序号	名称	采样方案与限量				检测标准
		n	*c*	*m*	*M*	
1	菌落总数(CFU/g)	5	2	1 000	10 000	GB 4789.2—2016
2	大肠菌群(CFU/g)	5	1	20	30	GB 4789.3—2016
3	霉菌和酵母(CFU/g)	≤ 20				GB 4789.15—2016
4	沙门氏菌(CFU/25 g)	5	0	0	—	GB 4789.4—2016
5	副溶血性弧菌(CFU/g)	5	0	0	—	GB 4789.7—2013
6	金黄色葡萄球菌(CFU/g)	5	0	0	—	GB 4789.10—2013

注:*n* 为同一批次产品应采集的样品件数;*c* 为最大可允许超出 *m* 值的样品数;*m* 为致病菌指标可接受水平的限量值;*M* 为致病菌指标的最高安全限

5.4　羊栖菜多糖产品的定量包装和固定物含量

羊栖菜多糖产品采取定量包装,每袋 500 g,固形物含量为 100%。

6　羊栖菜多糖产品的包装、标签、贮存与运输

6.1　包装

羊栖菜多糖产品接触用塑料材料及制品须符合 GB 4806.7—2016《食品安全国家标准　食品接触用塑料材料及制品》的规定,净含量的检测应符合 QB/T 10786—2006《罐头食品的检验方法》、JJF 1070—2018《定量包装商品净含量计量检验规则》和《定量包装商品计量监督管理办法》等国家标准与法规规定。外包装纸箱应符合 GB/T 6543—2008《运输包装用单瓦楞纸箱和双瓦楞纸箱》国家标准规定。

6.2　标签

羊栖菜多糖产品的标签须注明产地和食用方法,应符合 GB 7718—2011《食品安全国家标准　预包装食品标签》、GB/T 13432—2013《食品安全国家标准　预包装特殊膳食用食品标签》和 GB 28050—2016《食品安全国家标准　预包装食品营养标签通则》等国家标准规定。

6.3　贮存

包装后的羊栖菜多糖产品应置于避雨、避光、整洁、无毒害污染物场地,于 −20 ℃～−4 ℃条件下贮存。产品与地面和墙壁的间距≥ 10 cm。

6.4　运输

运输装置(集装箱、冷藏车厢或挂箱等)须清洗、消毒、除异味。羊栖菜多糖产品须

在 −20 ℃～ −4 ℃的条件下避风、避雨、避光运输。禁止将羊栖菜多糖产品与化学物品、强腐蚀性物质和易污染物品混装运输。

7　羊栖菜多糖产品的组批规则、抽样检测方法与检验分类

7.1　组批规则

同产地、同等级、同加工条件和同规格的产品可组合成检验批。还可以交货批为检验批。

7.2　抽样检测方法

销售产品的抽样检测须符合 SC/T 3016—2004《水产品抽样方法》等标准和有关法律规定。

7.3　检验分类

7.3.1　出厂检验

生产单位质检部门须对每批次产品进行抽样检验，检验内容包括感官、水分和净含量等内容。产品检验合格签发合格证书，之后才能出厂销售。

7.3.2　型式检验

符合下列情形之一时应进行型式检验，检验项目为本标准规定的全部内容：

新产品鉴定；

正式生产后，每年至少抽检 2 次；

加工企业长期停产后恢复生产；

原料变化或生产工艺改变，直接影响产品品质变化；

原料来源或生产环境变化；

政府质检机构提出型式检验要求；

出厂检验结果与以往批次型式检验结果存在显著差异。

参考文献

[1] 国家技术监督局．国际单位制及其应用：GB 3100—1993[S/OL].（1993-12-27）[2012-12-13]. http://www.doc88.com/p-908977127408.html.

[2] 国家技术监督局．有关量、单位和符号的一般原则：GB 3101—1993[S/OL].（1993-12-27）[2021-03-04]. https://wenku.baidu.com/view/eee4be6af724ccbff121dd36a32d7375a517c698.html.

[3] 中华人民共和国国家质量监督检验检疫总局，中国国家标准化管理委员会．标点符号用法：GB/T 15834—2011[S/OL].（2011-12-30）[2012-12-01].

[4] 中华人民共和国国家质量监督检验检疫总局，中国国家标准化管理委员会．食品安全管理体系　水产

品加工企业要求:GB/T 27304—2008[S/OL].(2008-10-22)[2019-09-08]. http://www.doc88.com/p-6498786558522.html.

[5] 中华人民共和国国家质量监督检验检疫总局,中国国家标准化管理委员会. 危害分析与关键控制点(HACCP)体系 食品生产企业通用要求:GB/T 27341—2009[S/OL].(2009-02-17)[2015-08-10]. http://www.doc88.com/p-5784428119039.html.

[6] 中华人民共和国国家质量监督检验检疫总局,中国国家标准化管理委员会. 食品安全管理体系 GB/T 22000-2006 的应用指南:GB/T 22004—2007[S/OL].(2007-10-29).http://down.foodmate.net/standard/yulan.php?itemid=15379.

[7] 中华人民共和国国家卫生和计划生育委员会. 食品安全国家标准 食品生产通用卫生规范:GB 14881—2013[S/OL].(2013-05-24)[2014-01-28]. http://www.doc88.com/p-1896883290907.html.

[8] 中华人民共和国国家卫生和计划生育委员会,国家食品药品监督管理总局. 食品安全国家标准 藻类及其制品:GB 19643—2016[S/OL].(2016-12-23)[2017-01-10]. http://www.doc88.com/p-6671375635296.html.

[9] 中华人民共和国商务部. 中药材仓库技术规范:SB/T 11095—2014[S/OL].(2014-07-30)[2018-12-06]. http://www.doc88.com/p-6941781980414.html.

[10] 中华人民共和国国家卫生和计划生育委员会. 食品安全国家标准 食品中水分的测定:GB 5009.3—2016[S/OL].(2016-08-31)[2019-04-03]. http://www.doc88.com/p-0814846053543.html.

[11] 中华人民共和国农业部. 水产品中盐分的测定:SC/T 3011—2001[S/OL](2001-09-27)[2019-02-14]. https://www.doc88.com/p-1397829942140.html.

[12] 中华人民共和国卫生部,中国国家标准化管理委员会. 生活饮用水卫生标准:GB 5749—2006[S/OL].(2006-12-29)[2018-07-19]. http://www.doc88.com/p-4953871138819.html.

[13] 中华人民共和国国家卫生和计划生育委员会. 食品安全国家标准 食品接触用塑料材料及制品:GB 4806.7—2016[S/OL]. 北京:中国标准出版社,2017:1-2(2016-10-19)[2019-01-16].

[14] 中华人民共和国国家质量监督检验检疫总局,中国国家标准化管理委员会. 运输包装用单瓦楞纸箱和双瓦楞纸箱:GB/T 6543—2008[S/OL].(2008-04-01)[2019-01-28]. http://www.doc88.com/p-3167821814494.html.

[15] 中华人民共和国商务部. 中药材追溯通用标识规范:SB/T 11039—2013[S/OL].(2013-12-04)[2019-11-28]. https://max.book118.com/html/2019/1128/7124050135002104.shtm.

[16] 中华人民共和国国家卫生健康委员会,中华人民共和国农业农村部,国家市场监督管理总局. 食品安全国家标准 植物源性食品中 208 种农药及其代谢物残留量的测定 气相色谱-质谱联用法:GB 23200.113—2018[S/OL].(2018-06-21)[2018-10-17]. https://max.book118.com/html/2018/1016/5204301133001322.shtm.

[17] 中华人民共和国国家质量监督检验检疫总局,中国国家标准化管理委员会. 水果和蔬菜中 450 种农药及相关化学品残留量的测定 液相色谱-串联质谱法:GB/T 20769—2008[S/OL].(2008-12-31)[2021-06-03]. https://max.book118.com/html/2019/0107/7052156036002000.shtm.

[18] 中华人民共和国国家卫生和计划生育委员会,国家食品药品监督管理总局. 食品安全国家标准 食品中铅的测定:GB 5009.12—2017[S/OL].(2017-04-06)[2018-10-24]. https://max.book118.com/html/2018/1024/5114224021001323.shtm.

[19] 中华人民共和国国家卫生和计划生育委员会,国家食品药品监督管理总局. 食品中污染物限量:GB 2762—2017[S/OL].(2017-03-17)[2018-05-29]. https://max.book118.com/html/2018/

0529/169359533.shtm.

[20] 中华人民共和国国家卫生和计划生育委员会，国家食品药品监督管理总局．食品安全国家标准 食品微生物学检验　菌落总数测定：GB 4789.2—2016（2016-12-23）[2019-07-20]. http://www.doc88.com/p-5019904392363.html.

[21] 中华人民共和国国家卫生和计划生育委员会，国家食品药品监督管理总局．食品安全国家标准 食品微生物学检验　大肠菌群计数：GB 4789.3—2016（2016-12-23）[2017-01-10]. http://www.doc88.com/p-7784985795758.html.

[22] 中华人民共和国国家卫生和计划生育委员会．食品安全国家标准　食品微生物学检验 霉菌和酵母计　数：GB 4789.15—2016[S/OL].（2016-10-19）[2018-04-16]. http://www.doc88.com/p-7942597490314.html.

[23] 中华人民共和国国家卫生和计划生育委员会，国家食品药品监督管理总局．食品安全国家标准　食品微生物学检验　沙门氏菌检验：GB 4789.4—2016[S/OL].（2016-12-23）[2017-01-10]. http://www.doc88.com/p-9983581951916.html.

[24] 中华人民共和国国家卫生和计划生育委员会．食品安全国家标准　食品微生物学检验 副溶血性 弧 菌 检 验：GB 4789.7—2013[S/OL].（2013-11-29）[2014-04-10]. https://www.doc88.com/p-9387120711610.html.

[25] 中华人民共和国国家卫生和计划生育委员会，国家食品药品监督管理总局．食品安全国家标准 食品微生物学检验　金黄色葡萄球菌检验：GB 4789.10—2016[S/OL]（2016-12-23）[2017-01-10]. http://www.doc88.com/p-3327828054405.html.

[26] 中华人民共和国轻工业部．罐头食品净重和固形物含量的测定：QB 1007—1990[S/OL].（1990-11-05）[1991-03-28]. https://max.book118.com/html/2019/0119/8027103123002002.shtm.

[27] 国家质量监督检验检疫总局．定量包装商品净含量计量检验规则：JJF 1070—2005[S/OL].（2005-10-09）[2019-04-29]. https://max.book118.com/html/2019/0429/6113121035002025.shtm.

[28] 中华人民共和国卫生部．食品安全国家标准　预包装食品标签通则：GB 7718—2011[S/OL].（2011-04-20）[2019-10-21]. http://www.doc88.com/p-7874763710319.html.

[29] 中华人民共和国国家卫生和计划生育委员会．食品安全国家标准　预包装特殊膳食用食品标签：GB/T 13432—2013[S/OL].（2013-12-26）[2018-07-16]. http://www.doc88.com/p-1942503639677.html.

[30] 中华人民共和国卫生部．食品安全国家标准　预包装食品营养标签通则：GB 28050—2016[S/OL]. 北京：中国标准出版社，2013：1-4（2011-10-12）[2014-10-14]. https://max.book118.com/html/2015/1013/27222053.shtm.

[31] 中华人民共和国农业部．水产品抽样方法：SC/T 3016—2004[S/OL].（2004-01-07）[2016-09-22]. https://www.docin.com/p-1743090946.html.

[32] 国家质量监督检验检疫总局．定量包装商品计量监督管理办法（总局令第 75 号）[S/OL].（2005-05-30）[2005-07-08]. http://law.foodmate.net/show-11216.html.

羊栖菜受精卵干纯品的制备标准

Preparation standard of pure dried fertilized eggs of *Sargassum fusiforme*

前　言

本标准根据 GB/T 1.1—2009《标准化工作导则　第 1 部分：标准的结构和编写》、GB/T 20000—2014《标准化工作指南》和 GB/T 20001—2017《标准编写规则》国家标准要求起草。

本标准由 ×××××× 单位提出。

请注意本标准的某些内容可能涉及专利，本标准的发布机构不承担识别这些专利的责任。

本标准起草单位：××××××、××××××。

本标准主要起草人：×××、×××。

本标准为首次发布。

引　言

根据国家标准化工作要求，基于多年的羊栖菜有性生殖育种实践与受精卵发育生物学研究，在充分咨询科研院所专业研究人员和羊栖菜产品加工企业技术人员的基础上，系统地编写了《羊栖菜受精卵干纯品的制备标准》。

为适应我国产业标准化工作发展的要求，助力温州市国家自主创新示范区建设［《国务院关于同意宁波、温州高新技术产业开发区建设国家自主创新示范区的批复》（国函〔2018〕13 号）］，加快羊栖菜产业健康发展［《温州市洞头区人民政府关于印发〈加快推进羊栖菜产业发展工作方案〉的通知》（洞政办发〔2019〕41 号）］，促进我国羊栖菜受精卵高附加值天然产物的开发与利用，亟须编写和实施本标准，更好地发挥本标准的实践指导作用。

羊栖菜（*Sargassum fusiforme*）为太平洋西北部近岸海域特有的多年生大型马尾藻属褐藻。羊栖菜雌雄异株，具有性生殖和无性生殖两种繁殖方式。羊栖菜有性生殖过程中单倍体的精子和卵结合形成二倍体受精卵（合子）。研究表明，羊栖菜受精卵中含有丰富的蛋白质、氨基酸、β- 类胡萝卜素、钾、钠、磷、铁、钙、锌、锰和铜元素，具有很高的天然产物开发和利用价值。目前，在以初级产品干品出口为主和初级即食产品内销为辅的背景下，羊栖菜产业的规模、效能和动能均受制于高端市场需求。因此，羊栖菜受精卵高附加值天然产物的开发利用可作为羊栖菜产业的新生长点，促进羊栖菜产业提质增效。羊栖菜受精卵干纯品是高附加值天然产物提取的材料。高效制备高纯度的羊栖菜受精卵干品是本标准要解决的关键技术问题。

本标准的制定以标准撰写规范化要求为基础，重点突出方法内容的优化设置，以期为羊栖菜受精卵高附加值天然产物的开发提供材料保障，助推我国海洋藻类药物开发的快速发展。

1　范围

本标准规定了羊栖菜受精卵干纯品制备相关术语的定义，羊栖菜种菜选取与育苗池暂养，羊栖菜受精卵收集与浓缩，羊栖菜受精卵定量封装与冷藏，羊栖菜受精卵的解冻，羊栖菜受精卵清洗与除杂，羊栖菜受精卵初纯品脱盐、脱水与浓缩，羊栖菜受精卵初纯品冻干，羊栖菜受精卵干品除杂和羊栖菜受精卵干纯品定量封装与保存等内容。

本标准适用于以羊栖菜受精卵鲜品为原料，制备高纯度羊栖菜受精卵干品的过程。

2 规范性引用文件

下列文件是本文件应用的支撑。凡标注日期的引用文件,仅所注日期的版本适用于本文件。未标注日期的文件,其更新版本(包括修改单)均适用于本文件。

GB 3100—1993 国际单位制及其应用(ISO 1000)

GB 3101—1993 有关量、单位和符号的一般原则(ISO 31-0)

GB/T 15834—2011 标点符号用法

GB/T 27304—2008 食品安全管理体系 水产品加工企业要求

GB/T 27341—2009 危害分析与关键控制点(HACCP)体系 食品生产企业通用要求

GB/T 22004—2007 食品安全管理体系 GB/T 22000—2006 的应用指南

GB 14881—2013 食品安全国家标准 食品生产通用卫生规范

GB 4806.7—2016 食品安全国家标准 食品接触用塑料材料及制品

GB/T 10786—2006 罐头食品的检验方法

JJF 1070—2018 定量包装商品净含量计量检验规则

《定量包装商品计量监督管理办法》[中华人民共和国国家质量监督检验检疫总局令 第 75 号(2005)]

GB/T 6543—2008 运输包装用单瓦楞纸箱和双瓦楞纸箱

SB/T 11039—2013 中药材追溯通用标识规范

GB 7718—2011 食品安全国家标准 预包装食品标签通则

GB/T 13432—2013 食品安全国家标准 预包装特殊膳食用食品标签

GB 28050—2011 食品安全国家标准 预包装食品营养标签通则

SB/T 11095—2014 中药材仓库技术规范

SC/T 3016—2004 水产品抽样方法

3 术语与定义

3.1 羊栖菜种菜 parental seaweed of *Sargassum fusiforme*

羊栖菜种菜指生长发育健康、形态特征优良、生殖托发育成熟的枝状藻体(成熟孢子体)。人工利用羊栖菜种菜有性生殖或假根无性生殖繁育苗种。

3.2 羊栖菜受精卵 fertilized egg of *Sargassum fusiforme*

羊栖菜受精卵即羊栖菜卵子与精子结合后形成的二倍体合子(zygote)。受精卵经有丝分裂形成尚未进行丝状假根分化的 64 细胞体或 128 细胞体,之后脱离生殖托沉降至水底。

3.3 超低温冷藏 ultralow temperature storage

收集的羊栖菜受精卵,经定量封装后,于液氮中速冻,置于 −80 ℃超低温冰箱中长期保存。

3.4　冻干 freeze-drying

初步除杂、脱盐、脱水后的羊栖菜受精卵，于 −105 ℃冷冻干燥至恒重，得到羊栖菜受精卵干品（附图 5-1、附图 5-2）。

4　基本条件

4.1　研发资质

生产企业应具有市级及以上羊栖菜育种和受精卵干纯品制备资质的研发中心和研发团队或拥有同等资质的战略合作团队，具备羊栖菜受精卵收集、超低温冷藏、冻干等条件，能够保障制备方法符合国家现行各类标准要求。

4.2　生产人员与场地

生产人员、环境、车间和设施应符合 GB/T 27304—2008《食品安全管理体系　水产品加工企业要求》的规定。包装车间洁净度应达到 30 万级，整体卫生条件应符合 GB/T 27341—2009《危害分析与关键特点（HACCP）体系　食品生产企业通用要求》和 GB 14881—2013《食品安全国家标准　食品生产通用卫生规范》的规定。

4.3　生产技术与设备

4.3.1　生产技术

生产企业应具有羊栖菜种菜田管理、海水净化、苗池种菜暂养，以及羊栖菜受精卵采集、定量封装、液氮冷冻、超低温冷藏、脱盐脱水、冻干、干品除杂和产品贮存等一系列配套的生产技术。

4.3.2　生产设施

生产企业应具有羊栖菜种菜田及软式筏架等养殖设施，过滤池、蓄水池及暂养池等育种设施，羊栖菜受精卵采集、定量封装、液氮冷冻、超低温冷藏、脱盐脱水、冻干和成品计量、封装、贮存等所需的工具和设备。

4.4　羊栖菜种菜及受精卵

4.4.1　羊栖菜种菜

藻体深褐色或浅黄色，手感黏滑，茎、气囊和生殖托等无表皮脱落及腐烂现象。簇生生殖托发育健康，雄生殖窝孔呈点状凸起，雌生殖窝孔呈环状凸起。

4.4.2　羊栖菜受精卵

肉眼观察，羊栖菜受精卵呈黑色。显微镜下观察，羊栖菜受精卵呈金黄色、卵形，表面为无色透明的细胞膜。受精卵分裂，细胞排列整齐，呈方格状，细胞壁交汇处内凹，界限明显，细胞核及核有丝分裂清晰可见（附图 5-3 至附图 5-5）。

5 方法

5.1 羊栖菜种菜选取与育苗池暂养

5.1.1 羊栖菜种菜的选取

选取生殖托上的生殖窝较集中、呈现肉眼可见凸起且伴有气泡释放的羊栖菜种菜，采集侧生枝。所采集的雌、雄种菜侧生枝的质量比≥ 10∶1。

5.1.2 羊栖菜种菜的苗池暂养

将采集的羊栖菜种菜放置于事先注入新鲜过滤海水（水深 20 ～ 35 cm）的苗池中，使之均匀分散地漂浮于海水表层，避免种菜叠压。

5.1.3 羊栖菜种菜苗池暂养的环境因子调控

苗池辅以曝气和遮光设施。暂养期间，光照强度为 50 ～ 250 μmol/（m^2•s），光暗时间比为 12 h∶12 h。苗池中持续缓慢地注入新鲜海水，排水口高位口处缓慢排水。苗池内表层海水深 5 ～ 10 cm，温度调控在 22 ℃～ 25 ℃，防止水温过高引起种菜腐烂。每隔 3 ～ 5 h 翻动池内种菜 1 次，使雌、雄种菜混合均匀，并接受均匀的光照。

5.1.4 羊栖菜种菜的有性生殖

羊栖菜种菜在苗池暂养 18 ～ 42 h，雌、雄生殖托集中释放卵和精子。精卵结合完成受精。受精卵集中沉降至苗池底部。

5.2 羊栖菜受精卵的收集与浓缩

人工去除种菜后，将事先准备好的 80 目杂质过滤纱绢网袋（长 50 cm，宽 25 cm）、280 目羊栖菜受精卵收集网袋（长 200 cm，宽 25 cm）和 20 目外层保护纱绢网袋（长 200 cm，宽 25 cm）按由内向外的顺序叠放，套于苗池排水口处。打开苗池排水阀，人工搅动苗池内海水，使沉降池底部的受精卵随海水自然流出。待羊栖菜受精卵收集完毕，保持网袋叠放顺序，用过滤后的新鲜海水充分冲洗杂质过滤纱绢网。取出杂质过滤纱绢网袋，再用过滤后的新鲜海水清洗羊栖菜受精卵收集网袋内壁，使挂壁羊栖菜受精卵集中沉降于网袋底部（附图 5-6）。之后拧挤网袋，排除多余水分，至没有明显海水滴出，受精卵集中成团。

5.3 羊栖菜受精卵的定量封装与冷藏

定量称取 300 g 羊栖菜受精卵，置于封口袋中，排出袋中多余空气，将袋均匀展平，置于液氮中充分冷冻，再于 −80 ℃超低温冰箱中保存。用过的纱绢网袋须及时清洗，备用。

5.4　羊栖菜受精卵的解冻

取出在 −80 ℃超低温冰箱中保存的羊栖菜受精卵，将其依次转至 −40 ℃冰箱中置放 24 h、−20 ℃冰箱中置放 24 h 和 4 ℃条件下置放 12 h，最后置于 2 倍体积的过滤海水冰水混合液（将过滤海水置于 4 ℃条件下冷却，加入冰块，制成过滤海水冰水混合液）中。缓慢搅拌至羊栖菜受精卵充分融化，得到羊栖菜受精卵悬浊液。

5.5　羊栖菜受精卵的清洗与除杂

将装有羊栖菜受精卵悬浊液的器皿置于过滤海水冰水混合液中，使羊栖菜受精卵自然沉降 5 ～ 7 min，使用容积为 0.5 ～ 2 L 的去针头注射器缓慢吸取上层混有藻泥、钩虾、麦秆虫等杂质的悬浊液。至羊栖菜受精卵沉降至 3 ～ 5 mm 高度后，重新加入 2 ～ 4 倍体积的 4 ℃过滤海水，重复制备羊栖菜受精卵悬浊液、自然沉降及吸出悬浊液等操作。如此循环 6 ～ 8 次，直至上层液清澈。使用容积为 0.5 ～ 2 L 的去针头注射器将搅匀的羊栖菜受精卵悬浊液转移至置于过滤海水冰水混合液中的 80 目纱绢网中，去除混合于羊栖菜受精卵中大于纱绢网网孔的沙粒、动物等杂质。充分清洗纱绢网，得到羊栖菜受精卵去杂初纯品。

5.6　羊栖菜受精卵初纯品的脱盐与浓缩

将羊栖菜受精卵去杂初纯品用 4 ℃过滤海水稀释，使羊栖菜受精卵自然沉降 5 ～ 7 min。用容积为 0.5 ～ 2 L 的去针头注射器移除上清液。加入 2 ～ 4 倍体积的 4 ℃超纯水，搅拌均匀。使羊栖菜受精卵自然沉降 5 ～ 7 min，再移除上清液。如循环 3 ～ 4 次，达到脱盐目的。加入 2 ～ 4 倍体积的 4 ℃超纯水搅拌均匀，使用去针头注射器将羊栖菜受精卵悬浊液转移至置于过滤海水冰水混合液中的 280 目纱绢网中。用超纯水充分清洗 280 目纱绢网，再通过拧挤 280 目纱绢网去除多余水分，使羊栖菜受精卵集中成团块状，得到羊栖菜受精卵纯品。定量称取羊栖菜受精卵纯品并置于封口袋中，将受精卵团块分散成小颗粒，标记鲜重、时间和基本实验条件等信息。再将装有羊栖菜受精卵的封口袋置于液氮中充分冷冻，再于 −80 ℃超低温冰箱中保存。

5.7　羊栖菜受精卵的超低温冻干

取出 −80 ℃超低温冰箱保存的羊栖菜受精卵，置于 −105 ℃条件下冻干至恒重，得到羊栖菜受精卵干初品。称量并记录干重，用封口袋定量分装，记录时间、干重和冷冻时间等信息，置于 −80 ℃超低温冰箱保存。

5.8　羊栖菜受精卵干初品的除杂

按 5 g、20 g、50 g 或 100 g 的规格，定量称取羊栖菜受精卵干初品，在 22 ℃条件下，经 150 目纱绢网筛滤，去除大于 150 目纱绢用网孔的沙粒、钩虾、麦秆虫等杂质，回收小于 150 目纱绢网网孔的羊栖菜受精卵干品，并进行镜检。将回收后的羊栖菜受精卵干品置于 300 目纱绢网筛滤，分别回收小于 300 目纱绢网网孔的羊栖菜受精卵干纯品和大于 300 目纱绢网网孔、具丝状假根分化的颗粒，并进行镜检。

5.9 羊栖菜受精卵干纯品的定量封装与保存

按 5 g、20 g、50 g 或 100 g 的规格，定量分装羊栖菜受精卵干纯品和具丝状假根分化的颗粒，标记质量、时间和基本实验操作等信息，置于 −80 ℃超低温冰箱冷冻保存。

6 羊栖菜受精卵干纯品的包装、标签、贮存与运输

6.1 包装

定量包装羊栖菜干纯品接触用塑料材料及制品须符合 GB 4806.7—2016《食品安全国家标准　食品接触用塑料材料及制品》的规定，净含量的检测应符合 QB/T 10786—2006《罐头食品的检验方法》、JJF 1070—2018《定量包装商品净含量计量检验规则》和《定量包装商品计量监督管理办法》等国家标准与法规规定。外包装纸箱应符合 GB/T 6543—2008《运输包装用单瓦楞纸箱和双瓦楞纸箱》国家标准规定。

6.2 标签

羊栖菜受精卵干纯品的标签须注明产地和食用方法，应符合 SB/T 11039—2013《中药材追溯通用标识规范》、GB 7718—2011《食品安全国家标准　预包装食品标签通则》、GB/T 13432—2013《食品安全国家标准　预包装特殊膳食用食品标签》和 GB 28050—2016《食品安全国家标准　预包装食品营养标签通则》等的规定。

6.3 贮存

羊栖菜受精卵干纯品产品的贮存应符合 SB/T 11095—2014《中药材仓库技术规范》，置于避雨、避光、整洁、无毒害污染物场地，在 −20 ℃条件下贮存。纸箱与地面和墙壁的间距≥ 10 cm。

6.4 运输

运输装置(集装箱、冷藏车厢或挂箱等)须清洗、消毒和除异味。羊栖菜受精卵干纯品在 −20 ℃条件下，避风、避雨和避光运输。禁止将羊栖菜受精卵干纯品与化学物品、强腐蚀性物质和易污染物品等混装运输。

7 羊栖菜受精卵干纯品的组批规则、抽样检测方法与检验分类

7.1 组批规则

同产地、同等级、同加工条件和同规格的产品可组合成检验批。还可以交货批组成检验批。

7.2　抽样检测方法

出厂销售的羊栖菜受精卵干纯品的抽样检测须符合 SC/T 3016—2004《水产品抽样方法》等标准和有关法律规定。

7.3　检验分类

7.3.1　出厂检验

生产单位质检部门须对每批次产品进行抽样检验，检验内容包括感官、镜检、水分和净含量等。产品检验合格，签发合格证书，之后才能出厂销售。

7.3.2　型式检验

符合下列情形之一时应进行型式检验，检验项目为本标准规定的全部内容：

新品系鉴定；

正式生产后，每年至少抽检 2 次；

加工企业长期停产后恢复生产；

原料变化或生产工艺改变，直接影响产品品质变化；

原料来源或生产环境变化；

政府质检机构提出型式检验要求；

出厂检验结果与以往批次型式检验结果存在显著差异。

参考文献

[1] 国家技术监督局. 国际单位制及其应用：GB 3100—1993[S/OL].（1993-12-27）[2012-12-13]. http://www.doc88.com/p-908977127408.html.

[2] 国家技术监督局. 有关量、单位和符号的一般原则：GB 3101—1993[S/OL].（1993-12-27）[2021-03-04]. https://wenku.baidu.com/view/eee4be6af724ccbff121dd36a32d7375a517c698.html.

[3] 中华人民共和国国家质量监督检验检疫总局，中国国家标准化管理委员会. 标点符号用法：GB/T 15834—2011[S/OL].（2011-12-30）[2012-12-01].

[4] 中华人民共和国国家质量监督检验检疫总局，中国国家标准化管理委员会. 食品安全管理体系　水产品加工企业要求：GB/T 27304—2008[S/OL].（2008-10-22）[2019-09-08]. http://www.doc88.com/p-6498786558522.html.

[5] 中华人民共和国国家质量监督检验检疫总局，中国国家标准化管理委员会. 危害分析与关键控制点（HACCP）体系　食品生产企业通用要求：GB/T 27341—2009[S/OL].（2009-02-17）[2015-08-10]. http://www.doc88.com/p-5784428119039.html.

[6] 中华人民共和国国家质量监督检验检疫总局，中国国家标准化管理委员会. 食品安全管理体系 GB/T 22000-2006 的应用指南：GB/T 22004—2007[S/OL].（2007-10-29）. http://down.foodmate.net/standard/yulan.php?itemid=15379.

[7] 中华人民共和国国家卫生和计划生育委员会. 食品安全国家标准　食品生产通用卫生规范：GB 14881—2013[S/OL].（2013-05-24）[2014-01-28]. http://www.doc88.com/p-1896883290907.html.

[8] 中华人民共和国国家卫生和计划生育委员会. 食品安全国家标准　食品接触用塑料材料及制品：GB 4806.7—2016[S/OL]. 北京：中国标准出版社，2017：1-2（2016-10-19）[2019-01-16].

[9] 中华人民共和国轻工业部. 罐头食品净重和固形物含量的测定:QB 1007—1990[S/OL].(1990-11-05)[1991-03-28]. https://max.book118.com/html/2019/0119/8027103123002002.shtm.

[10] 国家质量监督检验检疫总局. 定量包装商品净含量计量检验规则:JJF 1070—2005[S/OL].(2005-10-09)[2019-04-29]. https://max.book118.com/html/2019/0429/6113121035002025.shtm.

[11] 国家质量监督检验检疫总局. 定量包装商品计量监督管理办法(总局令第 75 号)[S/OL].(2005-05-30)[2005-07-08]. http://law.foodmate.net/show-11216.html.

[12] 中华人民共和国国家质量监督检验检疫总局,中国国家标准化管理委员会. 运输包装用单瓦楞纸箱和双瓦楞纸箱:GB/T 6543—2008[S/OL].(2008-04-01)[2019-01-28]. http://www.doc88.com/p-3167821814494.html.

[13] 中华人民共和国商务部. 中药材追溯通用标识规范:SB/T 11039—2013[S/OL].(2013-12-04)[2019-11-28]. https://max.book118.com/html/2019/1128/7124050135002104.shtm.

[14] 中华人民共和国卫生部. 食品安全国家标准 预包装食品标签通则:GB 7718—2011[S/OL].(2011-04-20)[2019-10-21]. http://www.doc88.com/p-7874763710319.html.

[15] 中华人民共和国国家卫生和计划生育委员会. 食品安全国家标准 预包装特殊膳食用食品标签:GB/T 13432—2013[S/OL].(2013-12-26)[2018-07-16]. http://www.doc88.com/p-1942503639677.html.

[16] 中华人民共和国卫生部. 食品安全国家标准 预包装食品营养标签通则:GB 28050—2016[S/OL]. 北京:中国标准出版社,2013:1-4(2011-10-12)[2014-10-14]. https://max.book118.com/html/2015/1013/27222053.shtm.

[17] 中华人民共和国商务部. 中药材仓库技术规范:SB/T 11095—2014[S/OL].(2014-07-30)[2018-12-06]. http://www.doc88.com/p-6941781980414.html.

[18] 中华人民共和国农业部. 水产品抽样方法:SC/T 3016—2004[S/OL].(2004-01-07)[2016-09-22]. https://www.docin.com/p-1743090946.html.

附图

附图 5-1　羊栖菜受精卵干纯品

图附 5-2 羊栖菜受精卵干纯品显微形态

附图 5-3 羊栖菜受精卵细胞分裂

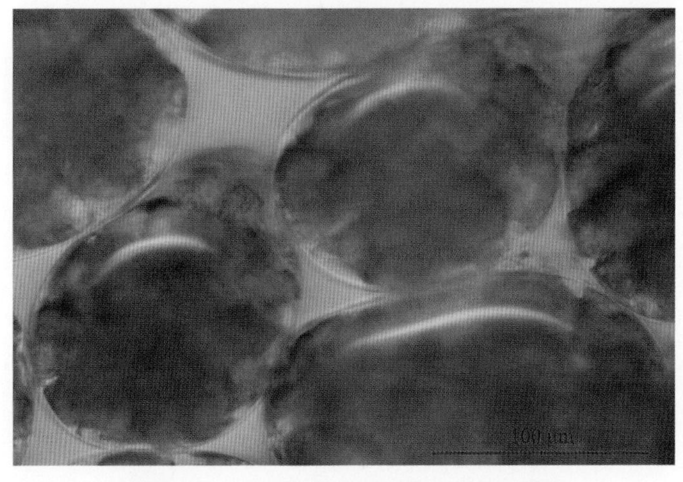

附图 5-4 羊栖菜受精卵细胞分裂显微观察

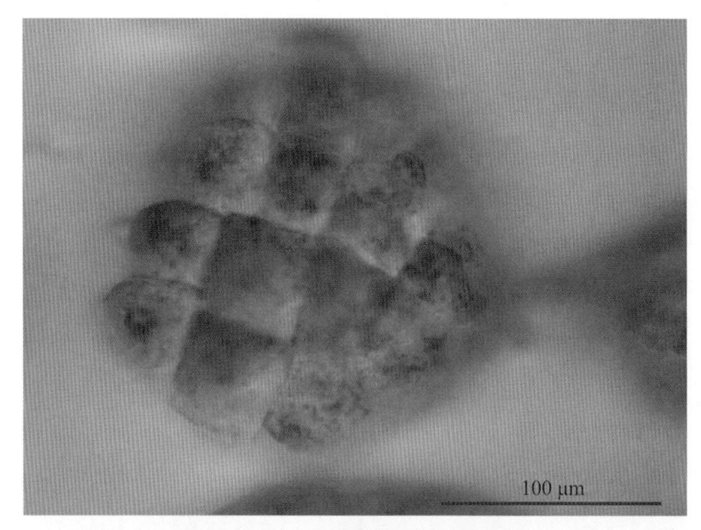

附图 5-5　羊栖菜受精卵细胞分裂

附图 5-6　羊栖菜受精卵的收集